SI NIETZSCHE AVAIT ÉTÉ UN NARVAL

JUSTIN **GREGG**

SI NIETZSCHE AVAIT ÉTÉ UN NARVAL

Ce que l'intelligence des animaux
nous dit de la bêtise humaine

Traduit de l'anglais par Sylvie Taussig

DELACHAUX
ET NIESTLÉ

Je dédie ce livre à Ranke de Vries,
ma partenaire de vie, mon épouse
et ma co-conspiratrice préférée.

« De simples animaux ne pourraient pas agir de la sorte.
Il faut être un être humain pour être vraiment stupide. »

Terry Pratchett,
Les Annales du Disque-monde

Introduction

Friedrich Wilhelm Nietzsche (1844-1900) avait une magnifique moustache et un rapport singulier aux animaux. Ils lui faisaient pitié parce que, comme il l'écrivit dans les *Considérations inactuelles*, ils « tiennent à la vie, aveuglément et follement, sans attendre une récompense [...], avec toute la bêtise d'un épouvantable désir[1] ». Les animaux, pensait-il, traînent leur vie sans savoir ce qu'ils font ni pourquoi ils le font. Pis encore, il les jugeait dépourvus de l'intelligence nécessaire pour ressentir le plaisir ou la souffrance aussi profondément que nous, les humains[2]. Pour un philosophe existentiel comme Nietzsche, c'était une chose impensable : examiner la souffrance, voilà ce qui donnait du sens à sa vie. Mais il enviait aussi leur absence d'angoisse :

---

1. Friedrich Wilhelm Nietzsche, « Troisième considération inactuelle », in *Considérations inactuelles*, *Œuvres complètes de Frédéric Nietzsche*, vol. 5, tome 2, traduit par Henri Albert, Paris, Mercure de France, 1922 [sixième édition].
2. « Les hommes d'esprit plus profond ont, de tous temps, eu pitié des animaux, précisément parce qu'ils souffrent de la vie et parce qu'ils n'ont pas la force de tourner contre eux-mêmes l'aiguillon de la vie et de donner à leur existence une signification métaphysique », *in* Friedrich Wilhelm Nietzsche (*ibid.*).

> Contemple le troupeau qui passe devant toi en broutant. Il ne sait pas ce qu'était hier ni ce qu'est aujourd'hui : il court de-ci de-là, mange, se repose et se remet à courir, et ainsi du matin au soir, jour pour jour, quel que soit son plaisir ou son déplaisir. Attaché au piquet du moment il n'en témoigne ni mélancolie ni ennui. L'homme s'attriste de voir pareille chose, parce qu'il se rengorge devant la bête et qu'il est pourtant jaloux du bonheur de celle-ci[1].

Autant Nietzsche souhaitait être aussi stupide qu'une vache pour ne pas avoir à contempler l'existence, autant il plaignait les bêtes à cornes d'être trop stupides pour pouvoir s'y adonner. Tel est le genre de dissonance cognitive dont naissent les grandes idées. Et on compte, parmi les apports de Nietzsche à la philosophie, la façon dont il remit en cause les idées reçues sur la vérité et la morale, que ce soit par son illustre proclamation « Dieu est mort » ou par son travail sur le sentiment d'insignifiance et le nihilisme. Mais c'est moyennant un prix terrible qu'il accomplit cette œuvre. Sa vie privée, une sacrée catastrophe, constitue l'exemple par excellence de la façon dont le cerveau peut littéralement se briser par excès d'étincelles.

Nietzsche enfant souffrait de maux de tête invalidants qui l'immobilisaient pendant des jours[2]. À l'apogée de sa

1. Friedrich Wilhelm Nietzsche, « Seconde considération inactuelle. De l'utilité et des inconvénients de l'histoire pour la vie », §1, traduit de l'allemand par Henri Albert, Édition électronique, Les Échos du Maquis, 2011.
2. Dimitri Hemelsoet, Koenraad Hemelsoet et Daniel Devreese, « The neurological illness of Friedrich Nietzsche », *Acta neurologica belgica*, 108(1), 2008, 9.

carrière universitaire, il était en proie à une dépression persistante, des hallucinations et des pensées suicidaires. À l'âge de 39 ans, en 1883, l'année de la publication de son livre le plus célèbre, *Ainsi parlait Zarathoustra,* il se déclara « fou ». Son état mental continua à se dégrader alors même que sa production philosophique montait en flèche. En 1888, Nietzsche loua à son ami Davide Fino un petit appartement dans le centre de Turin. Bien qu'étant dans les affres d'une crise de santé mentale, il écrivit trois livres cette année-là[1]. Une nuit, Fino regarda par le trou de la serrure et découvrit Nietzsche « en train de hurler, sauter et danser dans la pièce, complètement nu, comme s'il avait conçu le projet de recréer à lui tout seul une orgie dionysiaque[2] ». Il restait éveillé toute la nuit à marteler des chansons discordantes sur son piano avec ses coudes, tout en braillant des paroles d'opéras de Wagner dont il se souvenait mal. C'était un génie créatif, mais il n'était clairement pas en bonne santé. Et c'était aussi un voisin épouvantable.

Étant donné son intérêt pour la nature animale, il n'est peut-être pas absurde que ce soit une rencontre avec un cheval qui ait provoqué chez Nietzsche une ultime dépression, dont il ne s'est jamais remis. Le 3 janvier 1889, il se promenait sur la place Carlo-Alberto, à Turin, lorsqu'il vit un cocher fouetter son cheval. Bouleversé, il éclata en sanglots, passa ses bras autour de l'encolure de l'animal et s'effondra dans la rue. Fino, qui travaillait près de là dans un kiosque à journaux, le découvrit et

1. *Ecce Homo, Le Crépuscule des idoles* et *L'Antéchrist.*

2. Julian Young, *Friedrich Nietzsche : A Philosophical Biography*, Cambridge, Cambridge University Press, 2010, p. 531.

le ramena à son appartement[1]. D'abord, le pauvre philosophe resta dans un état catatonique pendant quelques jours, avant d'être conduit dans un asile psychiatrique à Bâle, en Suisse. Il ne devait plus jamais recouvrer ses facultés mentales.

Le cheval de Turin a, semble-t-il, porté le coup de grâce à l'état mental fragile de Nietzsche[2].

Les causes de la maladie mentale du philosophe, qui a tourné à la démence avant sa mort, ont fait l'objet de nombreuses spéculations. Il pourrait s'agir d'une infection syphilitique chronique, qui finit souvent par ronger le cerveau. Ou d'une maladie vasculaire (le Cadasil) qui provoque divers symptômes neurologiques à mesure que le tissu cérébral s'atrophie et meurt[3]. Quelle que soit la cause médicale, il ne fait aucun doute que les problèmes psychiatriques de Nietzsche ont été aggravés par son génie intellectuel, qui l'a poussé à rechercher sens, beauté et vérité dans ses souffrances, au détriment de sa santé mentale.

L'intelligence de Nietzsche ne lui nuisait-elle pas ? Si l'on considère l'intelligence dans une perspective évolutionniste, il y a tout lieu de croire que la pensée complexe, sous toutes ses formes dans le règne animal, est souvent un fardeau. S'il y a une leçon à tirer de la vie

---

1. Carol Diethe, *Nietzsche's Sister and the Will to Power. A Biography of Elisabeth Förster-Nietzsche*, vol. 22, Urbana, University of Illinois Press, 2003.

2. Certains pensent que les événements liés au cheval de Turin pourraient être apocryphes.

3. Dimitri Hemelsoet, Koenraad Hemelsoet et Daniel Devreese, « The neurological illness of Friedrich Nietzsche », *Acta neurologica belgica*, 108(1), 2008, p. 9.

torturée de Friedrich Wilhelm Nietzsche, c'est que trop réfléchir aux choses ne nous rend pas nécessairement service.

Et si Nietzsche avait été un animal plus simple, incapable de réfléchir avec une pareille intensité à la nature de l'existence, comme le cheval de Turin ou l'une de ces vaches qu'il plaignait et enviait tant ? Ou même un narval, l'un de mes mammifères marins préférés ? L'idée absurde d'un narval traversant une crise existentielle est la clé pour comprendre tout ce que la pensée humaine a de faux et tout ce que la pensée animale a de juste. Pour pouvoir souffrir d'une crise psychotique à la manière de Nietzsche, il faudrait que les narvals aient un niveau sophistiqué de conscience de leur propre existence. Il faudrait qu'ils sachent qu'ils sont mortels et qu'ils sont destinés à mourir un jour, dans un avenir pas si lointain. Or, comme nous le verrons dans ce livre, les preuves que les narvals ou tout autre animal autre que l'homme ont les capacités intellectuelles de conceptualiser leur propre mortalité sont bien maigres. Et il se trouve que c'est une bonne chose.

Qu'est-ce que l'intelligence ?

Entre la façon dont les humains comprennent et vivent le monde et la façon dont tous les autres animaux le font s'ouvre un abîme absolument déconcertant. Il n'y a jamais vraiment eu de doute sur le fait qu'il se passe quelque chose dans notre crâne qui ne se passe pas dans le crâne des narvals. Nous pouvons envoyer des robots sur Mars. Les narvals ne le peuvent pas. Nous pouvons écrire des symphonies. Les narvals ne le peuvent pas. Nous pouvons trouver un sens à la mort. Les narvals ne le peuvent pas. Quelle que soit la manière dont notre cerveau fonctionne, il en résulte ces miracles, qui sont clairement le produit de ce que nous appelons l'*intelligence*.

Malheureusement, malgré notre certitude absolue que l'intelligence humaine est exceptionnelle, personne n'a la moindre idée de ce qu'est l'intelligence. Ne voyez pas là une façon désinvolte de dire que nous ne disposons pas d'une bonne définition de travail. Ce que je veux dire, c'est que nous ne sommes même pas sûrs que l'intelligence existe en tant que faculté quantifiable.

Prenons le domaine de l'intelligence artificielle (IA), soit notre tentative de créer des logiciels ou des systèmes robotiques qui, comme leur nom l'indique, sont intelligents. Eh bien, les chercheurs en IA ne sont pas tous sur la même longueur d'onde quand on en vient à la manière de définir cette chose qu'ils sont si désireux de créer. Lors d'une récente enquête menée auprès de 567 experts travaillant dans le domaine de l'IA, une faible majorité (58,6 %) a reconnu que la définition de l'intelligence donnée par le chercheur Pei Wang était probablement la meilleure[1] :

> L'essence de l'intelligence est le principe d'adaptation à l'environnement lorsque l'on travaille avec des connaissances et des ressources insuffisantes. En conséquence, un système intelligent doit s'appuyer sur une capacité de

1. Dagmar Monett et Colin Lewis, « Getting Clarity by Defining Artificial Intelligence – A Survey », *in* Vincent C. Muller (dir.), *Philosophy and Theory of Artificial Intelligence* 2017, vol. SAPERE 44, Berlin, Springer, 2018, p. 212-214.

> traitement finie, travailler en temps réel, s'ouvrir à des tâches inattendues et apprendre par l'expérience. Cette définition pratique interprète l'« intelligence » comme une forme de « rationalité relative »[1].

En d'autres termes, pour 41,4 % des scientifiques spécialisés dans l'IA, cette dernière ne correspond en rien à ce qu'est l'intelligence. Un numéro spécial du *Journal of Artificial General Intelligence* a été pour des dizaines d'autres experts l'occasion de commenter la définition de Wang. Comme on pouvait s'y attendre, les rédacteurs ont conclu : « Si le lecteur s'attendait à un consensus sur la définition de l'IA, nous avons bien peur de devoir le décevoir[2]. » Les acteurs d'un domaine entier de la science qui se concentre exclusivement sur la création de l'intelligence ne sont pas arrivés à un accord – et n'y arriveront jamais – sur ce qu'est l'intelligence. C'est un état de fait assez risible.

Les psychologues ne font d'ailleurs guère mieux. L'ambition de définir l'intelligence en tant que faculté propre à l'esprit humain a une histoire assez confuse. Le psychologue anglais du XXe siècle Charles Edward Spearman a proposé l'idée d'un facteur d'intelligence générale (facteur g) pour expliquer pourquoi les enfants qui avaient de bons scores à un type de test psychométrique avaient également tendance

1. Pei Wang, « What do you mean by "AI" ? », *in* Pei Wang, Ben Goertzel et Stan Franklin (dir.), *Artificial General Intelligence 2008. Proceedings of the First AGI Conference, Frontiers in Artificial Intelligence and Applications*, vol. 171, IOS Press, 2008, p. 362-373.
2. Dagmar Monett, Colin Lewis et Kristinn R. Thórisson, « Introduction to the JAGI Special Issue "On Defining Artificial Intelligence" – Commentaries and Author's Response », *Journal of Artificial General Intelligence*, 11(2), 2020, p. 1-100.

à réussir pareillement d'autres types de tests psychométriques[1]. Selon cette théorie, il doit s'agir d'une propriété quantifiable de l'esprit humain, que certaines personnes possèdent plus que d'autres. C'est le genre de choses que révèlent les tests SAT ou de QI. Et, lorsque l'on fait passer ce type de tests à des personnes du monde entier, et de toutes appartenances culturelles, on constate effectivement que certaines personnes sont tout bonnement meilleures que d'autres dans tous les aspects du test. Mais quant à déterminer si ces différences de performances sont dues à une seule propriété de l'esprit – le facteur g – qui génère la pensée, ou si le facteur g est simplement l'abréviation que nous utilisons pour décrire la performance collective d'un vaste sous-ensemble de capacités cognitives qui besognent dans le cerveau, il n'y a aucun consensus. Chacune de ces capacités cognitives fonctionne-t-elle de manière indépendante, tout en étant étroitement corrélée aux autres, ou faut-il postuler l'existence d'une sorte de poussière d'intelligence magique qui se répandrait sur tous les systèmes cognitifs et les rendrait plus performants ? Personne ne le sait. Il y a donc au cœur de l'étude sur l'intelligence humaine la confusion la plus totale quant à la définition même de la chose étudiée.

Ensuite, il y a les animaux. Pour illustrer la fragilité du concept d'intelligence, il suffit de demander à un éthologue – spécialiste scientifique du comportement animal – d'expliquer pourquoi les corbeaux sont plus intelligents que les pigeons. La seule réponse que l'on

1. Charles Spearman, « "General Intelligence", objectively determined and measured », *American Journal of Psychology*, 15(2), 1904, p. 201-293. DOI : 10.2307/1412107.

puisse obtenir de gens comme moi sera souvent : « On ne peut vraiment pas comparer l'intelligence de différentes espèces de cette manière. » Ce qui revient à dire que « la question n'a pas de sens parce que personne ne sait ce qu'est l'intelligence ni comment la mesurer ».

Pour parachever cette démonstration que toute discussion sur l'intelligence se tient toujours aux frontières du ridicule, à la limite de l'impossible, évoquons simplement l'institut SETI (Search for Extraterrestrial Intelligence Institute), l'institut américain qui se consacre à la recherche d'une intelligence extraterrestre. Cet organisme a été créé à la suite de la publication d'un article dans *Nature* en 1959 par Philip Morrison et Giuseppe Cocconi, deux scientifiques de l'université Cornell, aux États-Unis. Dans cet article, ces derniers suggéraient que, si des civilisations extraterrestres devaient essayer de communiquer avec la Terre, elles le feraient très probablement par le biais d'ondes radio. S'est ensuivi une réunion de scientifiques à Green Bank, en Virginie-Occidentale, en novembre 1960, où le radioastronome Frank Drake a présenté sa célèbre équation de Drake, une estimation du nombre de civilisations extraterrestres dans la Voie lactée suffisamment intelligentes pour générer des ondes radio. L'équation elle-même est pleine de données fantaisistes (basées sur rien), notamment le nombre approximatif de planètes susceptibles d'abriter la vie et le nombre de planètes susceptibles parmi celles-ci d'évoluer vers une vie intelligente.

Le problème avec le SETI et l'équation de Drake, c'est qu'ils ne se donnent même pas la peine de définir ce qu'est l'intelligence. Nous sommes tous censés le savoir : l'intelligence est ce qui permet à une créature de créer des signaux radio. Selon cette définition tacite, l'être humain n'était pas intelligent jusqu'à ce que Marconi brevette la radio en 1896. Et nous cesserons probablement d'être intelligents dans un siècle environ, lorsque toutes nos communications seront assurées par transmission optique et non plus par radio. Soit une vraie sottise. Philip Morrison lui-même a d'ailleurs toujours détesté l'expression « recherche d'une intelligence extraterrestre », comme il le déclare ici : « Ce qui me chagrine avec le SETI, c'est qu'il assimile les signaux que nous avons enregistrés à de l'intelligence, faussant en quelque sorte la situation. Ce n'est pas de l'intelligence que nous avons pu détecter ; ce que nous avons pu détecter, ce sont les communications. Oui, elles impliquent une intelligence, mais c'est tellement évident qu'il vaut mieux parler de réception de signaux[1]. »

Les chercheurs en IA, les psychologues des êtres humains, les spécialistes de la cognition animale et les scientifiques du SETI ont en commun de croire que l'intelligence est un phénomène bien identifiable sans pour autant être capables de convenir d'une méthode pour l'identifier. Des ondes radio extraterrestres ? Ma foi, oui, c'est de l'intelligence. Des corbeaux qui utilisent un bâton pour extraire des fourmis d'une bûche ? Ben oui, c'est de l'intelligence aussi. Lieutenant-Commandeur Data (le personnage de la série *Star Trek*) composant un poème pour son chat bien-aimé ? Oui, oui, c'est de l'intelligence encore. Cette approche de l'intelligence m'évoque la méthode du fameux « Je le sais quand je le vois » que le juge de la Cour suprême des États-Unis Potter Stewart présenta comme sienne devant la cour en 1964

1. aip.org/history-programs/niels-bohr-library/oral-histories/30591-1.

pour définir sa façon de juger du caractère pornographique ou non de quelque chose (il s'agissait ce jour-là d'un film). Nous savons tous ce qu'est l'intelligence, tout comme nous savons ce qu'est le porno[1]. Mais tenter de définir l'un ou l'autre très précisément met forcément dans l'embarras. C'est pourquoi la plupart d'entre nous ne se donnent pas la peine de le faire.

À QUOI SERT L'INTELLIGENCE ?

Au cœur de cette discussion sur l'intelligence se trouve l'inébranlable conviction que cette faculté, au-delà des débats sur la bonne façon de la définir ou sur sa véritable nature, est une bonne chose. Un ingrédient magique que l'on peut saupoudrer sur un vieux singe ennuyeux, un robot ou un extraterrestre, pour les améliorer. Mais devons-nous avoir une telle foi en la valeur ajoutée de l'intelligence ? Si l'esprit de Nietzsche avait été plus proche de celui d'un narval – s'il avait été un peu moins intelligent et n'avait pas ruminé ainsi sa mort imminente –, peut-être la folie l'aurait-elle frappé avec moins de force, voire totalement épargné. Cela aurait été davantage souhaitable pour lui – et pour nous tous. Si Nietzsche était né narval, le monde n'aurait peut-être jamais eu à endurer les horreurs de la Seconde Guerre mondiale ou de la Shoah – des événements que Nietzsche a contribué à créer, sans y être pour quoi que ce soit.

1. Peter Lattman, « The origins of Justice Stewart's "I know it when I see it" », *Wall Street Journal*. LawBlog, 27 septembre 2007. Consulté le 31 décembre 2014.

Après son effondrement psychique, Nietzsche a passé un an à l'asile psychiatrique d'Iéna, en Allemagne, avant de retourner dans sa maison d'enfance à Naumbourg, où il fut placé sous la tutelle de sa mère, Franziska. Plongé dans un état semi-catatonique, il nécessitait des soins vingt-quatre heures sur vingt-quatre. À la mort de sa mère, qui l'avait dorloté pendant sept ans, c'est sa sœur, Elisabeth, qui vint s'occuper de lui. Elisabeth avait toujours langui après l'approbation de son frère, mais Nietzsche avait passé sa vie à l'écarter. Lorsqu'ils étaient enfants, il la surnommait « lama », semblerait-il parce que les lamas seraient des animaux si « stupides » et têtus que, lorsqu'ils sont maltraités, ils refusent de manger et « se couchent dans la poussière pour mourir[1] ».

Malheureusement pour Nietzsche (et pour nous tous), Elisabeth était une nationaliste allemande d'extrême droite. En 1887, elle avait contribué, avec son mari, Bernhard Förster, à la création de la colonie de Nueva Germania au Paraguay. Cette ville devait être un exemple éclatant de communauté fondée sur la suprématie de la race aryenne – une nouvelle patrie. Förster était un antisémite convaincu qui avait écrit que les Juifs étaient « un parasite sur le corps allemand[2] ». La création de Nueva Germania s'était cependant rapidement soldée par un échec : les premiers colons aryens étaient morts de faim, de paludisme et d'une maladie infectieuse causée par

1. Carol Diethe, *Nietzsche's Sister and the Will to Power. A Biography of Elisabeth Förster-Nietzsche*, vol. 22, Urbana, University of Illinois Press, 2003.

2. Hannu Salmi, « Die Sucht nach dem "germanischen Ideal". Bernhard Förster (1843-1889) als Wegbereiter des Wagnerismus », *Zeitschrift für Geschichtswissenschaft*, 6, 1994, p. 485-496.

les puces-chiques[1]. Il en va ainsi des puces-chiques : ce sont des parasites non métaphoriques qui peuvent vivre heureux sur un corps antisémite.

Humilié par son échec de bâtisseur, Bernhard s'était suicidé, et Elisabeth était retournée en Allemagne où elle avait fini par prendre soin de son frère, désormais totalement désorienté. Nietzsche, qui n'était pas antisémite, avait écrit des textes méprisants sur l'antisémitisme et le fascisme[2]. Mais Nietzsche n'était pas en état de discuter ; lorsque sa sœur arriva pour s'occuper de lui, il était partiellement paralysé et incapable de parler. Après sa mort, en août 1900, Elisabeth prit le contrôle total de sa succession et fut en mesure de modifier réotractivement ses écrits philosophiques pour les accommoder à son idéologie suprématiste blanche.

Afin de se faire connaître et apprécier dans les rangs du mouvement fasciste naissant en Allemagne, elle passa au peigne fin les vieux carnets de Nietzsche et publia un livre posthume intitulé *La Volonté de puissance*[3], qu'elle proposa à ses amis fascistes comme une justification philosophique de leurs idéologies belliqueuses et leur projet de soumission (et d'éradication) des « races les plus faibles ». Bien

1. Katherine Ellison, « Racial purity dies in the jungle vision : Founders saw their Paraguayan settlement as a place that would spawn a race of Aryan supermen. But they didn't take into account disease, heat and inbreeding », *The Baltimore Sun*, 10 septembre 1998. Consulté sur baltimoresun.com/news/bs-xpm-1998-09-10-1998253112-story.html.
2. Brian Leiter, « Nietzsche's hatred of "Jew Hatred". Review of Nietzsche's Jewish problem : Between anti-semitism and anti-judaism by Robert C. Holub ». *The New Rambler*, 21 décembre 2015.
3. Friedrich Wilhelm Nietzsche, *Der Wille zur Macht : Versuch einer Umwertung aller Werthe (Studien und Fragmente)*, vol. 15, Leipzig, CG Naumann, 1901.

qu'ayant eu besoin d'un tuteur pour l'aider à comprendre les idées de son frère – elle fit appel au célèbre philosophe autrichien Rudolf Steiner, qui déclara au passage sa pensée « dépourvue de la moindre cohérence logique[1] » –, Elisabeth réussit à présenter son frère comme le précurseur intellectuel du mouvement national-socialiste. Au début des années 1930, tout bon dignitaire du parti nazi s'est déjà rendu en pèlerinage aux archives Nietzsche de Weimar, qu'Elisabeth a créées pour promouvoir les écrits de son frère – en partie falsifiés par elle[2]. À sa mort, en 1935, Elisabeth sera si populaire auprès du régime nazi que même Adolf Hitler assistera à ses funérailles.

De l'avis général, les idées philosophiques de Nietzsche font partie intégrante de la formation du parti nazi et de son succès, et ont contribué à justifier la Shoah. Et cela, même si Nietzsche méprisait l'antisémitisme et aurait probablement détesté les nazis[3], étant donné l'injonction qui était la sienne de « jeter à la porte les braillards antisémites[4] ». Ayant servi comme infirmier volontaire pendant la guerre franco-prussienne, Nietzsche avait pu faire l'expérience de la brutalité et en avait été profondément affecté. Il n'était pas un adepte de la violence. Il rejetait certainement le

1. Ben Macintyre, *Forgotten Fatherland : The Search for Elisabeth Nietzsche*, Londres, Bloomsbury Publishing, 2013.
2. Weaver Santaniello, *Nietzsche, God, and the Jews : His Critique of Judeo-Christianity in Relation to the Nazi Myth*, Albany, SUNY Press, 2012.
3. Jacob Golomb et Robert S. Wistrich (dir.), *Nietzsche, Godfather of Fascism ? On the Uses and Abuses of a Philosophy*, Princeton, Princeton University Press, 2009.
4. Gareth Southwell, *A Beginner's Guide to Nietzsche's* Beyond Good and Evil, New York, John Wiley & Sons, 2009. Friedrich Wilhelm Nietzsche, *Par-delà le bien et le mal*, traduction par Henri Albert, in *Œuvres complètes de Frédéric Nietzsche*, vol. 10, Paris, Mercure de France, 1913, §251.

type de violence soutenue par l'État que les mouvements politiques chauvins tels que les nazis utilisaient. Même si Nietzsche prétendait « philosopher avec un marteau[1] », il était célèbre pour sa gentillesse, ses bonnes manières et sa douceur[2]. Ce qui se vérifie. N'oubliez pas, c'est ce même homme qui a connu l'effondrement total de sa santé mentale parce qu'il a vu quelqu'un brutaliser un cheval.

Le grand inconvénient de l'intelligence humaine est ainsi mis au jour. Nous pouvons utiliser notre intellect humain pour découvrir les secrets de l'univers et élaborer des théories philosophiques fondées sur l'analyse de la fragilité et du caractère éphémère de la vie. Mais nous pouvons aussi exploiter ces secrets pour semer la mort et la destruction, et déformer ces philosophies pour justifier notre sauvagerie. Qui comprend comment le monde a été construit sait par là même comment le briser.

Les humains ont la capacité de rationaliser à la fois le génocide et la compétence technologique pour mener le premier à bien. Elisabeth Förster-Nietzsche a utilisé les écrits philosophiques de son frère – nés d'une intelligence humaine stupéfiante – pour valider une vision du monde qui a conduit à la mort de six millions de Juifs[3]. À cet égard, les humains n'ont rien de commun avec les narvals. Les narvals ne construisent pas de chambres à gaz.

1. Friedrich Wilhelm Nietzsche, *Le Crépuscule des idoles ou Comment on philosophe avec un marteau*, traduction par Henri Albert, in *Œuvres complètes de Frédéric Nietzsche*, vol. 12, Paris, Mercure de France, 1908.
2. Dan Ahern, un spécialiste de Nietzsche (et accessoirement mon voisin), le décrit comme un « homme gentil, doux et bien élevé – et non pas comme un misanthrope, comme on pourrait s'y attendre ».
3. "Documenting numbers of victims of the Holocaust and nazi persecution", United States Holocaust Memorial and Museum, 4 février 2019.

Le grand MacGuffin

L'intelligence n'est pas un fait biologique. L'idée d'un exceptionnalisme intellectuel ou comportemental des êtres humains n'a aucun fondement scientifique. Nous sentons dans nos tripes que l'intelligence est à la fois réelle et bonne. Mais il suffit d'observer les différentes façons dont les animaux non humains parviennent à vivre sur cette planète – les solutions stupéfiantes qu'ils ont trouvées pour résoudre les problèmes écologiques – pour se rendre compte qu'aucune de ces convictions viscérales ne résiste à un examen approfondi. L'intelligence est le grand « MacGuffin » (*N.d.T.* Terme de cinéma désignant dans le scénario un prétexte initial, souvent futile ou mystérieux, lançant cependant la quête du héros ; tel par exemple un objet sans valeur que ce dernier doit absolument retrouver), un concept que nous avons poursuivi dans l'étude de l'esprit des hommes, des animaux et des robots, et qui nous a détournés de la réalité du monde naturel. Dans le monde naturel, jamais la sélection naturelle n'a agi sur un trait biologique que nous pourrions enfermer dans un concept singulier appelé *intelligence*. Dans le monde naturel, nos exploits intellectuels et technologiques – dus à un mélange de traits cognitifs partagés par de nombreuses autres espèces – ne sont pas aussi importants ou exceptionnels que nous aimerions le croire. Dans cette réalité, la Terre regorge d'espèces animales qui ont trouvé des solutions pour mener une bonne vie d'une manière qui fait honte à l'espèce humaine.

Le présent livre traite du problème de l'intelligence et nourrit l'ambition de déterminer s'il s'agit d'une bonne ou d'une mauvaise chose. Je pense que la plupart d'entre nous croient que l'intelligence, quel que soit le sens que chacun donne à ce mot, est intrinsèquement bonne. Nous avons toujours considéré le monde – et la valeur des animaux non humains dans ce monde – à travers le prisme de notre propre intelligence humaine. Mais que se passerait-il si nous faisions taire cette voix qui clame le caractère exceptionnel de notre espèce et si nous nous mettions plutôt à écouter les histoires que nous racontent les autres espèces ? Et si nous reconnaissions que, parfois, nos prétendues réalisations humaines sont en fait des solutions carrément foireuses, du point de vue de l'évolution ? Cette expérience de pensée met le monde entier sens dessus dessous. Les animaux supposés moins intelligents – comme les vaches, les chevaux et les narvals – font figure de génies. Le règne animal explose soudain de beaux esprits simples qui ont trouvé des solutions élégantes au problème de la survie.

À quoi sert l'intelligence humaine ? C'est une question qui préoccupait Nietzsche, tout comme elle me préoccupe. Voyons si nous pouvons y répondre ensemble.

1

LES SPÉCIALISTES DU *POURQUOI*

Une histoire de coiffes, de paris et de culs de poulet

> « L'homme est devenu peu à peu un animal fantasque qui aura à remplir une condition d'existence de plus que tout autre animal : il faut que, de temps en temps, l'homme se figure savoir pourquoi il existe, son espèce ne peut pas prospérer sans une confiance périodique en la vie[1] ! »
>
> Nietzsche

Il a fallu vingt ans à Mike McCaskill pour battre le marché boursier. Mais quelle réussite du tonnerre quand il y est parvenu !

Mike a commencé petit, en investissant dans les *penny stocks* (actions de très faible valeur) tout en travaillant dans le magasin de meubles de ses parents ; c'était comme un

1. Friedrich Wilhelm Nietzsche, *Le Gai Savoir (« La gaya scienza »)*, traduction par Henri Albert, in *Œuvres complètes de Frédéric Nietzsche*, vol. 8, Paris, Société du Mercure de France, 1901, I, 1.

hobby pour lui[1]. À la fermeture du magasin en 2007, il décide de se consacrer à plein temps à son passe-temps. Il vend sa voiture pour 10 000 dollars, puis place cet argent sur son compte titre. Au cours des deux années suivantes, un marché volatil et la crise des prêts hypothécaires à risque voient le S & P 500 perdre la moitié de sa valeur, ce qui ne peut qu'exciter un *day-trader* (trader à court terme) comme Mike. Il se réjouit de la chance qui s'offre ainsi à lui de percer le mystère des réactions du marché boursier. Il fait le pari que les actions monteront en flèche peu de temps après l'élection du président Obama et décide alors de réunir tout ce qu'il a gagné avec les *penny stocks* et de l'investir sur le marché boursier classique.

Mais il a eu tort.

Obama prête serment le 20 janvier 2009, et le Dow Jones continue de chuter ; il atteint finalement son point le plus bas pendant la crise financière du 5 mars, à 6 594,44 points. C'est une baisse de 50 % par rapport au record historique d'octobre 2007 de 14 164,43, et de seulement 3 % de moins que le krach record qui avait déclenché la Grande Dépression en 1929. Ça craint pour Mike. Son compte titre est complètement grillé.

Mais Mike se ressaisit et rassemble quelques centaines de dollars qu'il décide de réinvestir sur son compte, mais cette fois il modifie sa stratégie de portefeuille afin qu'elle soit payante si le marché doit *perdre* de l'argent.

1. Je tiens à remercier David Hill d'avoir dressé le portrait de Mike dans *The Ringer* : David Hill, « The beach bum who beat Wall Street and made millions on GameStop », *The Ringer*, 16 février 2021. theringer.com/2021/2/16/22284786/gamestop-stock-wall-street-short-squeeze-beach-volleyball-referee.

En d'autres termes, il vendra des actions à découvert ; cette stratégie est très risquée dans la mesure où il s'agit d'emprunter des actions en Bourse, puis de les vendre avec la promesse de les racheter plus tard et de les rendre au prêteur. Si le cours de l'action baisse, il gagnera de l'argent sur la revente, mais, si le cours de l'action augmente, il sera obligé de racheter les actions et subira une énorme perte. C'est l'astuce que des investisseurs comme Michael Burry et Mark Baum dans *The Big Short* avaient utilisée en pariant contre le marché immobilier en 2007. À l'époque, le marché immobilier était considéré comme l'un des placements les plus sûrs de la finance américaine, donc parier qu'il perdrait de la valeur était à la fois risqué et apparemment insensé. Bien sûr, comme nous le savons maintenant, leur prédiction s'est avérée juste, et ils ont fait un massacre. Mike, cependant, a mal anticipé. Les 700 milliards de dollars que le gouvernement américain a injectés dans l'économie par le biais du Troubled Asset Relief Program ont commencé à produire leur effet. Début avril, le marché rebondit. Et Mike, qui pariait sur l'effondrement du marché, a tout perdu. Encore.

Frustré, Mike renonce au *trading* à temps plein et passe les dix années suivantes à travailler au King Louie's Sports Complex de Louisville, dans le Kentucky, dont il devint finalement le directeur de la programmation, pour le volley-ball et le golf. Mais il continue à boursicoter, misant sur des valeurs à long terme qui pourraient potentiellement faire de lui un millionnaire. C'est alors qu'il tombe sur GameStop.

Nous sommes à l'été 2020, et l'entreprise – un commerce de vente en boutique de jeux vidéo – a du mal à se maintenir à flot dans un marché dominé par un environnement de vente au détail sur Internet. Presque personne ne va plus au centre commercial pour examiner et choisir les produits dans des magasins comme GameStop. On commande directement sur Amazon ou on télécharge des jeux sur sa PlayStation, sans intermédiaires. Michael Pachter, analyste de jeux vidéo, de médias numériques et d'électronique chez Wedbush Securities, compare alors GameStop à un glaçon en train de fondre. « C'est sûr que ça finira par disparaître », déclare-t-il à *Business Insider* en janvier 2020, estimant que l'entreprise sera liquidée d'ici une décennie[1]. Andrew Left, un investisseur de haut niveau chez Citron Research, spécialisé dans la vente à découvert, voit en GameStop un « magasin de centre commercial en pleine déconfiture[2] ». Voilà pourquoi lui et de nombreux autres investisseurs commencent à vendre les actions de GameStop à découvert en énormes quantités. Comme Mike en 2009 et le petit groupe de personnes qui avaient parié contre le marché du logement en 2007, ces professionnels ont décidé de profiter de l'effondrement imminent de GameStop. Sur le papier, du moins, cela a l'air sensé.

Mais Mike ne pense pas que GameStop soit voué à la faillite. Plutôt l'inverse. Pour lui, sans l'ombre d'un doute, GameStop est une entreprise viable, et toutes les positions à découvert et à court terme détenues par

---

1. Gilbert, « The world's biggest video game retailer, GameStop, is dying : Here's what led to the retail giant's slow demise », *Business Insider*, 23 janvier 2020. businessinsider.com/gamestop-worlds-biggest-video-game-retailer-decline-explained-2019-7.
2. markets.businessinsider.com/news/stocks/gamestop-stock-price-retail-traders-shorts-citron-andrew-left-game-2021-1-1029994276.

ces gestionnaires de fonds spéculatifs signifient que ses actions peuvent monter en flèche dans ce qu'on appelle une liquidation forcée. Si le cours de l'action commence à monter, les investisseurs ayant des positions courtes essaieront de se débarrasser rapidement de leurs actions pour réduire leurs pertes. Cette vente massive entraînera une augmentation encore plus rapide de la valeur des titres, conduisant à une liquidation forcée et permettant à toute personne qui aura eu l'intelligence d'avoir acheté des actions alors qu'elles ne valaient presque rien de se faire un bon paquet de thunes.

L'intuition de Mike est qu'une liquidation forcée se profile à l'horizon. Il commence à acheter des options d'achat d'actions, ce qui signifie qu'il achètera l'action une fois qu'elle atteindra un certain prix. Mais au début, l'action ne bouge pas beaucoup, et ses options expirent. Mike doit remettre son compte à zéro à plusieurs reprises. Puis, à la fin de 2020, il réussit un gros coup dans un autre choix d'actions – Bionano Genomics –, ce qui lui procure une nouvelle injection de cash, qu'il réinvestit dans GameStop. Peu de temps après, en janvier 2021, la liquidation commence. Une série d'événements improbables et déroutants débouche sur une augmentation rapide de la valeur de GameStop sur le marché, y compris l'intervention de millions de personnes suivant le *sub-reddit* du *Reddit Wallstreetbets* : selon leur analyse, l'entreprise avait un nombre démesuré de positions à découvert, et ce constat a déclenché un mouvement coordonné pour acheter massivement les actions. Comme vous pouvez l'imaginer, leur décision a ruiné des investisseurs comme Andrew Left qui, aux yeux des membres de *Reddit*, pariaient cyniquement sur la disparition d'une entreprise vulnérable. Ça a marché. L'augmentation de valeur de GameStop a atteint un montant extravagant – passant d'environ 4 dollars par action lorsque Mike a commencé à l'acheter, à un sommet de 347,51 dollars le 27 janvier. Mike a tiré le gros lot. Il a gagné 25 millions de dollars.

Quelle leçon en tirer ? La morale de cette histoire n'est pas qu'il faut être très intelligent et avoir des années d'expérience dans l'étude des marchés boursiers pour prédire correctement pourquoi et quand les prix des actions vont monter et descendre. Mike n'aurait jamais pu savoir que les justiciers de Wallstreetbets étaient en train de planifier, ni même capables de provoquer, une liquidation forcée historique et artificielle de GameStop. Rien dans l'intuition de Mike n'était magiquement prémonitoire. En fait, comme nous l'avons vu, en matière de pari sur le marché boursier, il avait plus souvent tort que raison. Avec GameStop, il a simplement eu de la chance.

Prenons une histoire similaire, faisant également intervenir le facteur chance, mais avec un protagoniste inattendu. En 2012, l'hebdomadaire dominical britannique *The Observer* organise un concours entre trois équipes : un groupe d'écoliers, trois gestionnaires d'investissement professionnels et un chat domestique nommé Orlando[1].

Chaque équipe reçoit 5 000 livres (environ 7 000 dollars) à investir dans des actions de l'indice FTSE All-Share,

1. Mark King, « Investments : Orlando is the cat's whiskers of stock picking », *The Guardian*, 13 janvier 2013. theguardian.com/money/2013/jan/13/investments-stock-picking.

avec l'option de changer ses actions tous les trois mois. L'équipe gagnante sera celle qui aura le plus d'argent sur son compte après un an. Orlando « choisit » ses actions en laissant tomber une souris-jouet sur une grille portant des nombres correspondant aux actions qu'il peut acheter. Après un an d'investissement, les enfants ont perdu de l'argent – il leur reste 4 840 livres sur leur compte. Les gestionnaires de fonds ont 5 176 livres. Orlando les a tous battus, avec ses 5 542 livres.

Contrairement aux enfants ou aux gestionnaires de fonds, le chat n'avait aucun moyen de comprendre ce qui se passait. Bien que certains animaux puissent apprendre à échanger des jetons contre des récompenses et ainsi attribuer une valeur arbitraire à des objets autrement sans valeur, le concept abstrait d'« argent », sans parler de celui de « Bourse », n'existe que dans la tête d'*Homo sapiens*. La technique d'Orlando pour sélectionner les actions correspondait donc à la manière intelligente des chercheurs de générer des sélections d'actions aléatoires pour faire une démonstration. Et ici, il s'agissait de démontrer que les gens qui investissent dans le marché boursier pourraient tout aussi bien lancer des fléchettes sur un tableau. Quand il s'agit de choisir des actions gagnantes, c'est au petit bonheur la chance.

Avec Orlando à l'esprit, j'étais curieux de savoir comment Mike McCaskill caractériserait ses prouesses en matière de sélection de titres. Je l'ai donc appelé en mars 2021 pour le lui demander. Je lui ai dit que j'écrivais un livre sur l'intelligence humaine et animale. Je lui ai raconté l'histoire d'Orlando et de sa victoire sur les gestionnaires de fonds et lui ai fait part de ma conclusion, selon laquelle, apparemment, la chance – et non la connaissance – jouait un rôle prépondérant à la Bourse. À mon grand étonnement, Mike McCaskill, qui avait passé vingt ans à étudier les marchés et venait de gagner 25 millions de dollars, a déclaré : « Je suis d'accord. C'est à cent pour cent une affaire de chance. »

Il est vrai que Mike avait déduit de ses recherches sur GameStop que l'entreprise était mûre pour une liquidation forcée. Pourtant, Andrew Left était quant à lui convaincu que cette liquidation était impossible. Left avait tort. En 2020, Michael Pachter était sûr que GameStop aurait disparu d'ici la fin de la décennie, mais en mars 2021 sa ritournelle avait changé, et il proclamait que GameStop était « là pour rester[1] ». L'une de ces prédictions est forcément erronée. Les *redditors* de *wallstreetbets* étaient sûrs que GameStop se dirigeait vers une liquidation forcée, ce qui était vrai. Mais ils étaient également sûrs que la pression se poursuivrait au-delà du pic de 347,51 dollars le 27 janvier et ont encouragé tout le monde à conserver l'action. Et ce fut une erreur. GameStop est retombé à moins de 50 dollars quelques jours seulement après que Mike eut vendu son stock – ce qui fit de lui un millionnaire. Mike a eu de la chance là aussi. Il était d'accord avec les *redditors* sur le fait que le stock allait continuer à grimper – peut-être grimper au-dessus de 1 000 dollars par action. Mais, sur un coup de tête, il a décidé de se satisfaire d'un profit de 25 millions de dollars et a écoulé ses actions au bon moment. Le passage de Mike de la misère à la richesse est construit sur une série d'événements aléatoires et fortuits.

---

1. « Video game Michael Pachter analyst weighs in on GameStop's earnings call », *CNBC*, 26 mars 2021. youtube.com/watch? v=fOJV_qaJ2ew.

« La nature humaine aime l'ordre », nous dit l'économiste Burton Malkiel dans son ouvrage de référence *A Random Walk Down Wall Street (Une marche au hasard à travers la Bourse).* « Les gens ont du mal à accepter la notion de hasard. » Malkiel a popularisé l'idée selon laquelle les actions boursières possédées individuellement ont des mouvements essentiellement aléatoires – il est impossible de savoir pourquoi un titre varie. Les personnes qui gagnent de l'argent de manière stable sur le marché sont celles qui possèdent un portefeuille diversifié de différents types d'investissements (par exemple, des actions, des obligations, des rentes), ce qui répartit le risque, à condition que se vérifie le principe plus général selon lequel le marché, à long terme, finira par prendre de la valeur. Choisir des actions individuelles ou parier sur certaines tendances est beaucoup plus proche du jeu que de la science. C'est pourquoi nous ne devrions pas être trop surpris qu'un chat soit tout aussi capable de faire un massacre à Wall Street qu'un *day-trader*.

Mike McCaskill a passé sa carrière à poser une question simple : Pourquoi les prix des actions augmentent-ils ? Ce besoin de comprendre *pourquoi* est ce qui distingue Mike (et les humains en général) des animaux non humains. Et c'est ce qui rend l'histoire de Mike si révélatrice. Dès que les enfants humains apprennent leurs premiers mots, les *pourquoi* commencent à pleuvoir. Ma fille m'a demandé un jour : Pourquoi le chat ne parle-t-il pas ? C'est une bonne question. Et j'ai consacré ma carrière de chercheur à y répondre. Même en avançant en âge, nous ne cessons de nous poser ce genre de questions. Pourquoi n'avons-nous pas trouvé de signes de vie extraterrestre ? Pourquoi les gens commettent-ils des meurtres ?

Pourquoi mourons-nous ? L'homme est l'espèce spécialiste du *pourquoi*. C'est l'un des nombreux traits cognitifs qui distinguent notre mode de pensée de celui des autres animaux.

Pourtant, cet ardent désir de comprendre les causes et les effets ne nous donne pas toujours une longueur d'avance. Comme le révèle l'histoire de Mike et de ses investissements, le fait de se demander « pourquoi » ne lui a pas donné, non plus qu'aux gestionnaires de fonds spéculatifs ou à quiconque, un avantage au moment de prédire le cours des actions. Sans qu'Orlando le chat comprenne quoi que ce soit au pourquoi des mouvements boursiers, son système de prise de décision a produit des résultats similaires. Et les actions en Bourse ne sont pas seules concernées. Le monde est rempli d'animaux qui prennent en permanence des décisions efficaces et bénéfiques – dont pratiquement aucune n'implique de savoir pourquoi le monde est tel qu'il est. Être humain et spécialiste du *pourquoi* présente des avantages évidents, comme nous le verrons dans ce chapitre. Mais, si nous examinons la prise de décision sur la longue durée et en comparant les espèces, qui incluent la nôtre, je propose que nous considérions une question audacieuse : le fait de demander *pourquoi* nous donne-t-il un avantage biologique ? La réponse peut sembler évidente (oui !), mais je ne pense pas qu'elle le soit. Pour tâcher de répondre à cette question, considérons ce qui suit : sans doute notre espèce est-elle capable de saisir les causes et les effets à un niveau profond, mais nous avons à peine utilisé cette capacité pendant le premier quart du million d'années où nous avons marché sur la Terre. Cela nous dit quelque chose d'assez important, du point de vue de l'évolution, sur la valeur du *pourquoi*.

LES ORIGINES DU *POURQUOI*

Imaginons que nous sommes dans la nacelle d'un aérostat. Nous survolons doucement la canopée d'une forêt verdoyante qui recouvre un ensemble de collines ondulantes donnant sur le lac Baringo, dans l'ouest du Kenya. Ou du moins ce que l'on appellera un jour le Kenya. Notre voyage en ballon est un voyage dans le temps, et nous avons été transportés au Pléistocène moyen (aujourd'hui officiellement rebaptisé Chibanien), il y a exactement 240 000 ans. C'est le crépuscule. L'air, lourd et moite, signale le début de la saison des moussons. Cette région devait être beaucoup plus humide pendant le Chibanien, et la zone autour du lac Baringo, de ce fait, l'une des plus luxuriantes et des plus fertiles de la région. Depuis notre point d'observation, situé à quelques centaines de mètres au-dessus du point d'eau, nous pouvons voir qu'il y a du mouvement au sol – deux groupes d'animaux distincts se dirigent vers la ligne des arbres tandis que le soleil se couche.

L'un des groupes est immédiatement reconnaissable : des chimpanzés. Une poignée de femelles accompagnées de leurs petits et un groupe de grands mâles en train de faire du repérage. À la nuit tombante, ils sont probablement à la recherche d'arbres pour construire un nid et s'y installer jusqu'au lever du soleil. L'autre groupe est encore plus familier. Il s'agit d'un groupe d'humains modernes – *Homo sapiens* –, dont le nombre est similaire à celui des chimpanzés de l'autre groupe. En fait, les deux groupes se ressemblent à presque tous les égards. Il y a des femelles avec leurs petits et des mâles qui se dirigent ensemble vers la forêt, où ils installeront leur campement pour la soirée. Les humains et les chimpanzés descendent tous deux du même ancêtre simiesque, qui parcourait l'Afrique il y a sept millions d'années : *Sahelanthropus tchadensis*. Pour un œil non averti, cet ancien singe d'Afrique de l'Ouest aurait ressemblé à un chimpanzé. Ses ancêtres se sont ramifiés pour devenir les chimpanzés modernes d'une part et nos parents humains d'autre part, notamment l'australopithèque et *Homo erectus*. Vous avez probablement déjà vu cette fameuse représentation dans un musée d'histoire naturelle ou dans un manuel scolaire : la ligne évolutive des « origines de l'homme » qui est devenue la base d'innombrables parodies et mèmes. Après des millions d'années d'évolution, les premiers hommes, apparus il y a environ 300 000 ans, partageaient encore beaucoup du mode de vie des chimpanzés. Les archives fossiles nous apprennent que les hommes et les chimpanzés vivaient côte à côte dans cette région du rift est-africain il y a 240 000 ans[1].

Si j'ai guidé notre ballon à travers le temps jusqu'à cette époque et à cet endroit précis, c'est parce que ceux que les scientifiques considèrent aujourd'hui comme des êtres humains modernes y sont apparus pour la première fois[2]. Ils sont presque identiques à vous et à moi, de

---

1. Sally McBrearty et Nina G. Jablonski, « First fossil chimpanzee », *Nature*, 437(7055), 2005, p. 105-108.
2. Monika Karmin *et al.*, « A recent bottleneck of Y chromosome diversity coincides with a global change in culture », *Genome Research*, 25(4), 2015, p. 459-466.

toutes les formes possibles et imaginables, physiquement et cognitivement[1]. Et pourtant, rien dans leur mode de vie ne ressemble à celui qui est le nôtre au XXIe siècle. Comme leurs cousins chimpanzés endormis dans les arbres, ces premiers hommes parcouraient les rives du lac à la recherche de baies et de carcasses d'animaux. Ils étaient probablement nus, sans bijoux, ni vêtements, ni aucun des ornements artistiques ou symboliques que nous utilisons aujourd'hui. Cependant, leur nudité révèle quelques différences significatives avec les chimpanzés : beaucoup moins de follicules pileux et une peau plus exposée, conçue pour que la sueur s'évapore rapidement et garde le corps au frais pendant qu'ils se promènent sous le soleil brûlant. Les humains ont également des jambes plus longues et des membres inférieurs relativement plus musclés, ce qui constitue une autre adaptation à notre mode de vie ambulatoire (marche)[2]. Et puis, bien sûr, il y a la tête. La moitié avant de la tête de l'homme – la zone du visage – est assez similaire à celle du chimpanzé, à l'exception évidente du menton. Les humains en ont un, mais pas les chimpanzés. Curieusement, aucune autre espèce d'hominidés n'a développé de menton avant l'arrivée d'*Homo sapiens*.

1. La forme exacte (mais pas la taille) du cerveau humain s'est fixée entre -100 000 et -35 000 ans, mais on peut dire que ces hominidés de Baringo, qui sont nos parents, étaient assez semblables aux humains modernes sur le plan cognitif. Voir Simon Neubauer, Jean-Jacques Hublin et Philipp Gunz, « The evolution of modern human brain shape », *Science Advances*, 4(1), 2018, eaao5961.
2. Adrienne L. Zihlman et Debra Bolter, « Body composition in *Pan paniscus* compared with *Homo sapiens* has implications for changes during human evolution », *Proceedings of the National Academy of Sciences*, 112(24), 2015, p. 7466-7471.

Fait remarquable, les scientifiques n'ont toujours pas de réponse claire à la question de savoir pourquoi nous avons un menton[1]. Mais c'est la partie arrière de notre tête qui est vraiment étonnante : elle est ronde comme un ballon. Cet espace crânien supplémentaire est rempli de tissu cérébral, que nous avons ainsi trois fois plus volumineux que nos cousins chimpanzés.

Les humains se distinguent également par le maniement de certains artefacts. Ils disposent d'outils de pierre rudimentaires, qu'ils utilisent pour découper de la viande sur le corps d'un éléphant mort. Ils savent aussi faire tourner une tige de bois dans l'encoche d'une vieille bûche sèche afin de faire naître du feu[2]. Les chimpanzés, en revanche, sont pour la plupart silencieux, ne possèdent que des pierres à casser les noix (pas de lames tranchantes), et certainement pas de feux qu'ils auraient eux-mêmes allumés. Ils n'ont tout simplement pas le type d'esprit qui leur permettrait de créer ce genre de choses. À ce jour, la capacité de faire du feu et des lames de pierre reste en dehors de leurs capacités cognitives.

Malgré quelques différences évidentes en matière de cognition, qui ont conduit les hommes à des découvertes capitales, comme le feu et les lames, les premiers hommes et les chimpanzés sont restés relativement semblables pendant la majeure partie du Chibanien. À la fin de cette période, il y a environ 126 000 ans, les humains ont entamé leur célèbre voyage hors d'Afrique, utilisant leurs longues jambes musclées pour se déplacer vers

---

1. bbc.com/earth/story/20160204-why-do-humans-have-chins.
2. Kyle S. Brown *et al.*, « Fire as an engineering tool of early modern humans », *Science*, 325(5942), 2009, p. 859-862.

l'Europe, où ils allaient rencontrer les Néandertaliens et les Hommes de Denisova, deux espèces d'hominidés qui avaient évolué en Asie et en Europe à partir d'un ancêtre commun qui avait quitté l'Afrique deux millions d'années plus tôt. Comme les humains, ils disposaient du feu, de la lance et des outils en pierre, et il est possible qu'ils aient eu, dans une certaine mesure, des capacités langagières. Les humains se sont accouplés avec ces autres espèces et ont rivalisé avec elles jusqu'à ce qu'il n'en reste plus que des traces dans notre ADN. Puis, environ 200 000 ans après notre premier voyage en ballon au-dessus du lac Baringo, il y a un peu plus de 40 000 ans, nos ancêtres humains réalisent des peintures rupestres qui sont les premier signes d'un début de réflexion sur le monde, réflexion qui conduira à notre future mainmise sur cette planète.

Il y a environ 43 900 ans, un groupe d'humains vivant à Sulawesi, en Indonésie, est entré dans une grotte située à l'extrémité sud-ouest de l'île et a commencé à dessiner. À l'aide de pigments rouges, ils ont créé une série de scènes de chasse – des hommes chassant des cochons sauvages avec des cordes et des lances. Mais les hommes figurant dans les dessins présentent un détail étrange : leurs têtes d'animaux. Ces figures mi humaines, mi-animales sont appelées *thérianthropes* (du grec *theri/θηρ* signifiant *bête* et *anthropos/ανθρωπος* signifiant *homme*). Quelques milliers d'années plus tard, un ancêtre européen devait sculpter la figurine de l'homme-lion : une statue thérianthrope en calcaire représentant un humain à tête de lion, qui sera découverte dans le système de grottes de Hohlenstein-Stadel, dans le Bade-Wurtemberg, en Allemagne.

Nos ancêtres humains avaient véritablement une bonne raison de passer du temps, il y a quarante millénaires, à créer des œuvres d'art sous la forme de thérianthropes. Il s'agissait de symboliser quelque chose. D'ailleurs, un symbolisme religieux est généralement associé aux thérianthropes réalisés dans les derniers millénaires : Horus (le dieu égyptien à tête de faucon), Lucifer (souvent représenté comme mi-homme, mi-chèvre dans l'art chrétien) ou Ganesh (le dieu hindou à tête d'éléphant). Les thérianthropes de Sulawesi sont « la plus ancienne preuve connue au monde de notre capacité à concevoir l'existence d'êtres surnaturels », déclara le Dr Adam Brumm au *New York Times* après avoir découvert ces représentations en 2017, avec son équipe de recherche[1]. Qu'est-ce qu'un être surnaturel ? C'est une créature qui possède des capacités et des connaissances supérieures à celles des humains. Certains experts suggèrent que ces thérianthropes pourraient être des guides spirituels, des êtres censés nous apporter de l'aide, des réponses ou des conseils[2]. Cela suppose donc que nos ancêtres posaient des questions qui appelaient des réponses surnaturelles. Et quelles pouvaient être ces questions, sinon celles qui sont à la base de toutes les religions : Pourquoi le monde existe-t-il ? Pourquoi suis-je ici ? Et pourquoi dois-je mourir ? Ces anciens thérianthropes sont la meilleure preuve de ce qu'il y avait des questions de spécialistes du pourquoi qui tournaillaient dans la tête de nos ancêtres.

---

1. Maxime Aubert *et al.*, « Earliest hunting scene in prehistoric art », *Nature*, 576(7787), 2019, p. 442-445.
2. Elizabeth Culotta, « On the origin of religion », *Science*, 326(5954), 2009, p. 784-787. 10.1126/science.326_784.

Les archives archéologiques apportent des éléments qui montrent que de nouveaux artefacts ont commencé à apparaître peu après que nos ancêtres ont sculpté les premiers thérianthropes. Par exemple des coiffes. La première représentation d'un humain portant une coiffe remonte à 25 000 ans : il s'agit de la statue de la Vénus de Willendorf, une sculpture en calcaire représentant une figure féminine avec une coiffe de perles. Même si je sais bien que nous déterrons tel ou tel artefact ancien un peu au hasard et dans le désordre, je trouve amusant que, en l'état des découvertes, la preuve que les humains concevaient le surnaturel soit antérieure à la preuve que nous portions des coiffes. Cela suggère que nos ancêtres s'inquiétaient davantage de savoir pourquoi nous mourons que de protéger leur tête lorsqu'il pleuvait.

Après l'apparition des thérianthropes et des coiffes, la capacité humaine à créer des objets sur la base de la compréhension des causes et des effets a réellement pris son essor. Il y a environ 23 000 ans, un petit groupe d'humains vivant dans l'actuel Israël a découvert comment planter et récolter de l'orge et de l'avoine sauvages sur de petites parcelles agricoles[1]. Le grand pas a été de comprendre ce qui fait germer les graines et comment s'en occuper au cours d'une saison de croissance. Nous avions désormais un contrôle précis de la planification de nos réserves alimentaires. Notre réflexion sur le comportement des plantes, élargie et généralisée, a eu pour résultat direct notre compréhension des causes et des

---

1. Ainit Snir *et al.*, « The origin of cultivation and proto-weeds, long before neolithic farming », *PLoS one*, 10(7), 2015, e0131422. DOI : 10.1371/journal.pone.0131422.

effets. C'est parce qu'ils sont arrivés à une connaissance plus profonde des choses, comme celle de la gravité, que les anciens Romains ont pu construire des aqueducs massifs pour transporter l'eau sur de grandes distances, allant même jusqu'à la pomper en amont. En regardant une rivière, nous nous sommes demandé – et cette interrogation est vraiment remarquable – pourquoi l'eau se déplaçait, et nous avons utilisé la réponse pour construire nos villes antiques.

Ces « pourquoi » sont à la base de nos plus grandes découvertes : Pourquoi cette étoile se trouve-t-elle toujours au même endroit au printemps ? Et c'est la naissance de l'astronomie en tant que champ du savoir. Pourquoi ai-je toujours la diarrhée quand je bois du lait frais de vache ? Cette question a probablement empêché Louis Pasteur de dormir et a finalement conduit à la découverte de la pasteurisation. Pourquoi existe-t-il autant d'espèces végétales et animales différentes ? Charles Darwin avait une bonne réponse à cette question (l'évolution). Tout ce que nous avons présenté comme un exemple de notre exceptionnalisme intellectuel – et qui distingue notre comportement de celui des autres espèces – trouve ses racines les plus profondes dans cette seule compétence. De tout ce qui est associé aux chatoiements de l'intelligence humaine, c'est notre compréhension des causes et des effets qui est la source de laquelle jaillit tout le reste.

Il s'agit là d'exploits remarquables et, en effet, une fois que cette « spécialisation du pourquoi » a commencé, notre histoire s'est remplie de grandes réalisations dans le domaine des sciences, des arts et de tout ce qui se trouve entre les deux. Mais nous devons alors nous demander : Pourquoi avons-nous mis tant de temps à commencer ? Pourquoi avons-nous passé 200 000 ans à *ne pas* le faire ?

La réponse est vraiment très simple. Malgré ce que nous dit notre instinct, il n'est pas si important que cela d'être un spécialiste du pourquoi. Le sentiment que nous avons de son importance est le fruit d'un préjugé humain. Du point de vue de l'évolution, la recherche du « pourquoi » n'est tout simplement pas si cruciale que cela. En effet, tous les animaux, y compris nous pendant longtemps, se sont débrouillés sans avoir besoin de se demander « pourquoi ». Il est donc temps de repenser cette question et de mettre en lumière le caractère très relatif de son importance. Bien qu'elle ait produit des avantages incontestables – comme le lait pasteurisé –, notre recherche du « pourquoi » est aussi la cause la plus probable de notre extinction imminente. Mais, avant de nous engager sur cette voie sombre, commençons par comprendre en quoi notre façon d'appréhender le monde diffère de celle des autres animaux.

L'OURS DERRIÈRE LE BUISSON

L'automne dernier, je me promenais dans les bois sous une voûte de feuilles d'érable jaunissantes avec mon amie Andrea et son chien Lucy. Soudain, le silence de la forêt a été brisé par un bruit sourd qui a résonné dans le sol sous nos pieds. Devant nous, sur le sentier, les feuilles d'un aulne bruissaient. Nous nous sommes figés sur place, craignant qu'un ours ne soit à l'affût près de nous. Je suis allé voir ce qu'il en était. Au lieu d'un ours, j'ai trouvé une grosse branche d'arbre mort qui avait dû rouler le long du talus sur quelques mètres avant de buter contre l'aulne, produisant ce bruit qui nous avait fait sursauter tous les trois.

Les animaux sont confrontés à ce type de scénario depuis des millions d'années. La sélection naturelle repose sur la répétition d'un nombre incalculable d'événements de cet ordre : des animaux entendent un bruit inopiné, déterminent ce qu'il signifie et décident de la manière de réagir. Pour les superprédateurs comme le dragon de Komodo (un énorme lézard indonésien connu pour manger des hommes), un bruit aléatoire dans la brousse suscitera la curiosité, pouvant signifier un objet à manger. Pour les espèces proies comme les écureuils, un bruit soudain peut indiquer l'inverse : un prédateur potentiel ou une menace, qui les fera fuir dans la direction opposée.

Il n'y a que deux façons pour un animal d'interpréter la signification d'un bruit soudain. La première consiste à *apprendre* par *association* qu'un bruit fort émanant de derrière un buisson précède souvent l'apparition d'un être vivant. La seconde consiste à *déduire* qu'un bruit est *causé* par un être vivant. Cela semble subtil, mais cette différence – entre les associations apprises et l'inférence causale – est le point où la pensée animale non humaine s'arrête et où commence le fait d'être un spécialiste du pourquoi.

Prenons l'exemple du bettong fouisseur. Cet étrange petit marsupial d'Australie occidentale ressemble à un kangourou miniature avec un visage de souris, une queue de rat épaisse et un corps d'écureuil rondouillard. Il était autrefois l'un des mammifères les plus prolifiques d'Australie, mais il n'en reste plus que 19 000 aujourd'hui[1]. La quasi-extinction du bettong est due à l'introduction par les colons européens d'animaux sauvages non indigènes, notamment le chat domestique et le renard roux, tristement célèbres pour leur caractère meurtrier. Les bettongs, en effet, n'ont pas naturellement peur des chats ou des renards. Alors que la plupart des marsupiaux dont ces prédateurs ne font qu'une bouchée s'enfuient sous le coup de la peur, les bettongs se contentent de rester là, nonchalamment. Ce sont donc des proies faciles. Lors d'une expérience récente, des chercheurs ont comparé le comportement de bettongs qui avaient été exposés à des prédateurs de type félin à celui de bettongs qui voyaient un prédateur de type félin pour la première fois[2]. Comme on pouvait s'y attendre, les bettongs qui avaient été exposés à des prédateurs félins ont détalé, alors que les bettongs qui n'avaient jamais rencontré de chat ne virent aucune raison de s'enfuir. En d'autres termes, les bettongs avaient besoin d'apprendre que les chats et les renards constituaient une menace. Les défenseurs de l'environnement de cette région d'Australie s'emploient depuis activement à apprendre aux bettongs à craindre les chats et les renards, afin de pouvoir les relâcher dans la nature et préserver ainsi leur espèce de l'extinction. Mais ce n'est pas facile. En l'absence d'une peur instinctive, chaque bettong devra faire l'expérience

1. « Burrowing bettong », *Australian Wildlife Conservancy*, *s. d.*, australianwildlife.org/wildlife/burrowing-bettong/.

2. Natasha E. Tay, Patricia Anne Fleming, Natalie M. Warburton et Katherine E. Moseby, « Predator exposure enhances the escape behaviour of a small marsupial, the burrowing bettong », *Animal Behaviour*, 175, 2021, p. 45-56.

directe de la menace pour développer la peur apprise. En d'autres termes, l'apprentissage de l'auto-préservation est, chez cet animal, un fruit de l'expérience.

Les humains, en revanche, peuvent contourner ce processus et apprendre sans nécessairement avoir besoin d'une expérience directe. La pensée spécialisée des humains nous offre deux compétences cognitives dont les animaux comme les bettongs sont dépourvus : l'imagination et la compréhension de la causalité. Les êtres humains sont capables de parcourir dans leur mémoire ou leur imagination ce que les chercheurs Elisabetta Visalberghi et Michael Tomasello, spécialistes des primates, appellent un « réseau infini de possibilités[1] », lorsqu'ils sont à la recherche d'une explication à ce que leurs sens détectent. Dans son livre *The Gap. The Science of What Separates Us from Other Animals*, le psychologue comparatif Thomas Suddendorf décrit cette faculté de l'imagination comme la « capacité de créer des scénarios mentaux emboîtés », et affirme que cette capacité particulière marque une différence fondamentale quant à la façon dont les humains et les animaux comprennent le monde[2]. Lors de ma balade en forêt perturbée par un bruit soudain (anecdote évoquée plus haut), l'humain que je suis a d'abord pu imaginer que ce bruit était dû à un animal déjà rencontré en forêt, par exemple un porc-épic ou une moufette fouillant derrière les aulnes en faisant des bruits bizarres ; avant de conclure qu'il

1. Elisabetta Visalberghi et Michael Tomasello, « Primate causal understanding in the physical and psychological domains », *Behavioural Processes*, 42(2-3), 1998, p. 189-203.
2. Thomas Suddendorf, *The Gap. The Science of What Separates Us From Other Animals*, New York, Basic Books, 2013.

devait s'agir d'un ours, en raison de l'intensité sonore de ce bruit. Cependant, je peux aussi imaginer des choses que je n'ai jamais vécues mais que je comprends abstraitement (par exemple, si je lis un roman de science-fiction ou une série fantastique). Cette capacité mentale m'a ainsi permis d'imaginer ensuite que ce bruit, dans la forêt, pouvait être mille autres choses qu'un animal, y compris une météorite tombée du ciel et ayant atterri derrière le buisson. Ces connaissances acquises par l'imaginaire font partie de ce que la philosophe Ruth Garrett Millikan appelle des « faits morts ». Il s'agit de faits sur le monde dont un animal n'aurait pas l'utilité dans sa vie quotidienne. Selon elle, les animaux non humains « ne s'intéressent généralement pas aux faits qui ne se rapportent pas directement à une activité pratique. Ils ne se représentent pas ou ne se rappellent pas les faits morts[1] ». Les animaux accumulent des faits vivants en rapport avec leur vie quotidienne : les abeilles se souviennent de l'emplacement d'un bon champ de pissenlits, les chiens se souviennent du chemin qui mène à leur étang préféré, et les corbeaux se souviennent de l'homme qui les a nourris dans un parc. Mais les humains accumulent un nombre apparemment infini de faits inutiles (c'est-à-dire morts) : la distance jusqu'à la Lune (384 400 kilomètres), la véritable identité du père de Luke Skywalker (Dark Vador) ou la vidéo de Paula Abdul dans laquelle Keanu Reeves a joué (« Rush Rush »). Nos têtes sont remplies de faits morts, réels ou imaginaires. La plupart d'entre eux ne nous seront jamais utiles. Mais ils sont l'élément

1. Ruth Garrett Millikan, « Styles of rationality », *in* Susan Hurley et Matthew Nudds (dir.), *Rational animals ?*, 2006, p. 117-126.

vital de notre nature de spécialistes du pourquoi, car ils nous aident à imaginer un nombre infini de solutions aux problèmes que nous rencontrons – pour le meilleur ou pour le pire.

La deuxième composante d'un spécialiste du pourquoi est la compréhension de la causalité. La causalité ne consiste pas seulement à savoir qu'il existe une corrélation entre deux événements (par exemple, chaque fois que mon chat sort de son bac à litière, il laisse une crotte fraîche derrière lui), mais à comprendre que le premier événement est la raison du second (par exemple, le chat fait une crotte). Ce raisonnement permet une compréhension plus complète du fonctionnement des choses dans la nature.

La question de savoir si d'autres animaux sont capables de ce type de raisonnement causal fait l'objet d'un débat de longue date. Il existe une expérience célèbre destinée à vérifier l'existence de l'inférence causale, appelée le paradigme du *string-pulling*, qui a été réalisée sur plus de 160 espèces animales[1]. L'expérience se déroule comme suit : un morceau de nourriture est suspendu à une branche ou à une plate-forme au bout d'une longue ficelle. Afin de rapprocher la nourriture suffisamment près de lui pour la manger, l'animal doit tirer sur la ficelle. Vous ou moi ferions cela en saisissant la ficelle d'une main, en la tirant plus près, puis en saisissant la nourriture avec l'autre main une fois cette dernière à portée de main. Le principe étant de sécuriser la ficelle

1. Ivo F. Jacobs et Mathias Osvath, « The string-pulling paradigm in comparative psychology », *Journal of Comparative Psychology*, 129(2), 2015, p. 89.

avant d'attraper la nourriture. Lorsque Bernd Heinrich, biologiste connu pour ses écrits et ses travaux sur les oiseaux, a tenté cette expérience avec des corbeaux, ils l'ont résolue assez rapidement. Ils tiraient un bout de la ficelle vers eux, puis marchaient dessus avec l'une de leurs pattes, avant de tendre l'autre pour immobiliser davantage de ficelle. Ce n'est pas en tâtonnant qu'ils sont parvenus à cette solution. Ils ont regardé la ficelle avec attention pendant quelques secondes, puis ont agi de manière délibérée, en tirant et en marchant jusqu'à ce que la nourriture arrive. Ce comportement suggère qu'ils ont compris la nature du problème et les liens de causalité impliqués (par exemple, la gravité tire les choses vers le bas, marcher sur la ficelle la maintient en place). Heinrich a conclu que « *voir la situation* avant d'exécuter le comportement semble être l'explication la plus parcimonieuse pour expliquer le résultat[1] ». En d'autres termes, les corbeaux ont d'abord réfléchi à la nature du problème, puis ont passé en revue mentalement un certain nombre de solutions, avant d'exécuter leurs mouvements et atteindre leur objectif. Cela prouve-t-il que les corbeaux sont, dans une moindre mesure, des spécialistes du pourquoi comme nous ? De nombreux chercheurs le pensent.

Cependant, un groupe de recherche a réalisé une variante de l'expérience de la ficelle sur des corbeaux de Nouvelle-Calédonie (qui sont généralement experts dans cette tâche), variante qui a remis en question cette conclusion. Les chercheurs ont suspendu la ficelle à

1. Bernd Heinrich, « An experimental investigation of insight in common ravens (*Corvus corax*) », *The Auk*, 112(4), 1995, p. 994-1003.

travers un petit trou dans une planche, ce qui a empêché les corbeaux de voir ce qui se passait lorsqu'ils tiraient sur la ficelle. Lorsqu'un corbeau est confronté à ce problème de ficelle pour la première fois, il semble comprendre, comme les corbeaux de Heinrich, qu'il doit tirer sur la ficelle pour atteindre la nourriture. Mais, après avoir tiré une fois sur la ficelle sans voir la nourriture se rapprocher d'eux, ils ont arrêté de tirer. Sans le retour visuel de la nourriture se rapprochant d'eux, ils semblaient soudain incapables de comprendre ce qui se passait. Les auteurs en ont tiré la conclusion suivante : « Nos résultats soulèvent la possibilité que l'effectuation de la tâche consistant à tirer la ficelle soit basée sur un conditionnement opérant médié par un cycle de rétroaction perceptivo-motrice plutôt que sur la “perspicacité” ou la connaissance causale de la “connectivité” de la ficelle[1]. » En d'autres termes, les corbeaux n'avaient aucune compréhension causale de ce qui se passait – il ne s'agissait que d'associations apprises (tirer la ficelle = nourriture plus proche) qu'ils ne pouvaient pas apprendre ici parce qu'*ils ne voyaient rien*. Les scientifiques débattent encore des résultats de ces 160 expériences de *string-pulling* avec des animaux, certains étant convaincus de ce que les animaux comprennent la causalité, d'autres qu'ils ne la comprennent pas, et beaucoup estimant que, d'emblée, ces expériences ne sont pas suffisamment bien conçues pour nous donner un aperçu de la question du raisonnement causal chez les animaux.

1. Alex H. Taylor *et al.*, « An investigation into the cognition behind spontaneous string pulling in New Caledonian crows », *PloS one*, 5(2), 2010, e9345.

La plupart du temps, il importe peu qu'un animal comprenne la causalité ; il peut toujours prendre de bonnes (ou de mauvaises) décisions. Si une chienne comme Lucy entend un bruit soudain venant de derrière un buisson et a appris que les bruits aléatoires dans les bois sont souvent corrélés avec la présence de prédateurs comme les ours, elle décidera à juste titre de s'approcher avec prudence. Si, en revanche, j'entends un bruit et que je commence à passer en revue les causes potentielles (météorites, ours, dragon de Komodo échappé du zoo, etc.), je finirai par prendre une décision tout aussi efficace (m'approcher avec prudence). Lucy et moi pouvons faire des déductions identiques (c'est-à-dire tirer une conclusion sur ce que sont les choses) en suivant des voies cognitives complètement différentes : moi, par l'inférence causale, et Lucy par les bonnes vieilles associations apprises. Voici une expérience que vous pouvez faire sur votre propre chien pour mettre en évidence sa capacité à raisonner par inférence, et à quel point elle lui est utile, sans qu'il ait besoin de comprendre le lien de causalité. Prenez une friandise pour chien et mettez-la dans votre chaussure. Secouez ensuite la chaussure pendant quelques secondes avant de laisser votre chien y mettre son nez et attraper la friandise. Maintenant, sans que votre chien vous regarde, prenez les deux chaussures et glissez une friandise dans l'une d'entre elles. Demandez à votre chien de vous observer pendant que vous secouez les deux chaussures, puis tendez-les à votre chien pour qu'il les observe. Selon toute vraisemblance, le chien trouvera la friandise du premier coup. Pourquoi ? Parce qu'il a entendu une chaussure faire du bruit (la friandise tapait à l'intérieur) et non pas l'autre.

C'est ce qu'on appelle l'inférence diagnostique[1]. Il s'agit d'un type avancé d'association apprise où le chien a compris qu'un son va de pair avec une friandise. Il est toutefois important de comprendre que le chien ne comprend pas que la friandise est la cause du son. Il s'agit d'une inférence causale. Mais le chien n'en a pas besoin. Il a quand même trouvé la friandise.

L'inférence diagnostique, comme vous pouvez l'imaginer, a ses limites. Voici un exemple où nos capacités d'inférence causale surpassent celles des autres animaux. Imaginez que je tienne deux chaussures. L'une est remplie de *florps* (des bonbons qui ressemblent à des mini-marshmallows) et l'autre de *bloopers* (de petites billes de métal). Je vous montre une image de *florps* et une image de *bloopers*. Même si vous n'avez jamais vu ni les uns ni les autres – à part les photos, vous ne savez rien d'autre à leur sujet –, au moment où je secoue les chaussures, vous saurez laquelle a les *bloopers* : c'est la chaussure qui fait le plus de bruit. C'est parce que vous comprenez les propriétés causales des objets à un niveau profond. Les objets mous font moins de bruit que les objets durs. Les chiens seraient incapables de faire aussi bien que vous : ils auraient besoin d'exemples des différents sons produits par ces objets avant de pouvoir générer une association apprise.

Il est clair que l'inférence diagnostique et les associations apprises de base ne peuvent mener un animal que

1. Christophe J. Völter et Josep Call, « Causal and inferential reasoning in animals », *in* Gordon M. Burghardt, Irene Maxine Pepperberg, Charles T. Snowdon et Thomas R. Zentall (dir.), *APA Handbook of Comparative Psychology*, vol. 2, *Perception, Learning, and Cognition*, American Psychological Association, 2017, p. 643-671.

jusqu'à un certain point. S'il ne comprend pas la causalité sous-jacente ou ne s'y intéresse pas, l'animal ne posera jamais les questions du genre « pourquoi » qui ont conduit aux réalisations d'*Homo sapiens* : le feu, l'agriculture, les accélérateurs de particules, etc. Il semble évident que les humains ont, grâce à leur esprit, un sérieux avantage sur les autres animaux lorsqu'il s'agit de compétences de survie à la fois élémentaires (par exemple, savoir ce qui cause un son) et complexes (par exemple, savoir que les virus causent des maladies). Nous sommes capables de parcourir un réseau infini de possibilités et de faits morts qui nous aident dans notre quête de compréhension des causes. Mais cela nous ramène à l'énigme initiale : si la compréhension causale est un avantage si évident par rapport à d'autres modes de pensée, pourquoi notre espèce a-t-elle mis 200 000 ans avant de commencer à utiliser cette capacité pour amorcer la diffusion de la civilisation moderne ? La réponse est que, parfois, le fait d'être un spécialiste du pourquoi nous conduit vers une absurdité inattendue qui est si mauvaise pour notre espèce (du point de vue de l'évolution) que l'on se demande si nous ne ferions pas mieux de nous fier uniquement à des associations apprises.

Les solutions « cul de poulet »

Imaginons un instant que nous sommes à nouveau dans notre aérostat à remonter le temps, et que nous visitions cette fois le lac Baringo il y a 100 000 ans. Nous retrouvons notre groupe dans un camp qui semble un peu plus permanent, sur les rives du lac. De notre point d'observation, nous sommes témoins d'un événement malheureux mais courant. Un jeune garçon vient de se faire mordre au mollet par une vipère heurtante, le serpent le plus mortel d'Afrique. Sans traitement, il y a de forts risques qu'il meure. Heureusement, un adulte se précipite avec des tiges d'une grande plante aux larges feuilles palmées appelée ensète, ou faux bananier. Il coupe la tige en deux, et une sève en sort, qu'il applique rapidement sur la plaie de la morsure. Bien que cette plante soit loin d'être aussi efficace qu'un antivenin moderne, elle possède des propriétés analgésiques et antiseptiques (et les habitants de l'actuel Kenya continuent à l'utiliser pour traiter les morsures de serpent)[1]. Comment cet homme préhistorique savait-il faire cela ? Notre connaissance ancienne de la médecine des plantes était basée sur une combinaison d'associations apprises et d'inférences causales. Il est probable qu'un jour, à Baringo, un lointain ancêtre de l'enfant se soit coupé le bras en chassant dans la brousse et ait attrapé au hasard quelques feuilles d'un faux bananier pour arrêter l'hémorragie. Quelques jours plus tard, son groupe aurait remarqué que sa coupure guérissait plus vite que la normale. Il se serait peut-être interrogé : Pourquoi ? Ils en auraient conclu que la feuille possédait une propriété qui favorisait la cicatrisation. Cette connaissance aurait été transmise (par la langue et la culture) pendant des milliers d'années, pour aboutir à un remède génial contre les morsures de serpent, qui a sauvé la vie du petit garçon.

1. Bethwell O. Owuor et Daniel P. Kisangau, « Kenyan medicinal plants used as antivenin : a comparison of plant usage », *Journal of Ethnobiology and Ethnomedicine*, 2(7), 2006, p. 7.

Il est clair que l'inférence causale était un outil puissant dans l'arsenal cognitif de ces spécialistes du pourquoi qu'étaient nos ancêtres. Mais cela ne veut pas dire qu'elle était toujours utilisée correctement. Parfois, notre besoin de rechercher des liens de causalité crée plus de problèmes qu'il n'en résout. Il crée l'illusion d'une causalité là où il n'y en a pas.

Pour expliciter mon propos, je vous propose un nouveau voyage en ballon. Cette fois-ci, nous nous rendons dans le pays de Galles médiéval, aux alentours de l'an 1000 de notre ère. Nous survolons des collines verdoyantes surplombant la mer d'Irlande, où un groupe d'humains vit dans un petit village. Dans un siècle, une forteresse sera construite à cet endroit par un baron anglo-normand, ce qui déclenchera une série d'événements qui aboutiront à la fondation de la charmante ville balnéaire d'Aberystwyth. Mais pour l'instant, ce n'est qu'un minuscule village dont les habitants, de langue galloise, ont rencontré un problème similaire à celui de notre clan préhistorique. Un jeune garçon – le fils du chef du village – jouait dans les hautes herbes lorsqu'il a été mordu par une vipère européenne. Bien que moins mortelle que celle de la vipère heurtante, la morsure peut être fatale pour un enfant, surtout si elle n'est pas soignée. Heureusement, il y a un guérisseur dans le village.

La mère du garçon, qui l'a amené chez ledit guérisseur, berce sa tête tandis que le venin fait gonfler la plaie de son mollet. Le guérisseur se précipite vers le garçon avec un coq qu'il a pris dans son poulailler. Après avoir arraché quelques plumes de la queue pour découvrir la peau, il appuie le cul du coq, désormais nu, sur la morsure du garçon. Après avoir maintenu cette position pendant plus d'une heure, il déclare le garçon guéri. Le garçon est alors ramené à son domicile, où il meurt quelques heures plus tard : le coq n'a eu que peu d'effet, et le garçon a eu un arrêt cardiaque dû au venin de la vipère.

Ce traitement, qui consiste à frotter le cul d'un coq contre une plaie causée par une morsure de serpent, était l'une des solutions médicales admises à l'époque dans toute l'Europe pour traiter les morsures de serpent. Un texte médical du pays de Galles, rédigé à la fin du XIVe siècle, fournit des indications claires : « Pour une morsure de serpent, si c'est un homme [qui a été mordu], prenez un coq vivant et mettez son derrière sur la morsure et laissez-le là, et cela est bon. Si c'est une femme, prenez une poule vivante de la même manière, et le poison sera éliminé[1]. »

Le même manuscrit gallois médiéval contient d'autres remèdes médicaux, tels que la guérison de la surdité par l'introduction dans l'oreille d'un mélange d'urine de bélier, de bile d'anguille et de sève de frêne. Pour se débarrasser d'une tumeur cancéreuse, il suffit de faire bouillir du vin avec de la bouse de chèvre et de l'orge, puis de frotter la tumeur avec ce mélange. Les araignées ne sont dangereuses qu'entre septembre et février, et, si vous vous faites mordre pendant cette période, il vous suffit d'écraser des insectes morts et de les appliquer sur la morsure pour vous tirer d'affaire. Tout cela peut sembler ridicule aux lecteurs d'aujourd'hui, mais, que ce soit par

1. Diana Luft, *Medieval Welsh Medical Texts*. Vol. 1 : *The Recipes*, Cardiff, University of Wales Press, 2020, 96 (texte gallois p. 97).

un coup de chance ou par l'application d'une déduction causale qui s'avérait juste, la médecine médiévale fonctionnait parfois et, à l'occasion, mieux que la médecine moderne. Des scientifiques ont récemment trouvé un traitement potentiel pour la superbactérie résistante aux antibiotiques SARM dans le *Bald's Leechbook*, un texte médical du IXe siècle, sous la forme d'une pommade à base d'oignons, de poireaux, d'ail et de bile de vache[1].

L'histoire de la médecine est une inférence causale en action : à chaque époque et pour chaque lieu, une « communauté » d'experts en la matière s'est penchée sur le pourquoi de la maladie et sur le comment et le pourquoi des blessures – en recherchant non seulement la corrélation, mais aussi la causalité. Ainsi s'est développé, il y a près de deux mille ans, un paradigme théorique sophistiqué, aujourd'hui tombé dans les oubliettes de l'histoire : la théorie des humeurs. Si vous n'en avez jamais entendu parler, ne vous inquiétez pas. Plus personne ne s'y intéresse aujourd'hui, et cela pour de bonnes raisons.

Pourtant, la théorie des humeurs a été le paradigme médical qui a dominé en Europe pendant près de 2 000 ans. La civilisation occidentale s'est construite sur la base de ce système médical aujourd'hui disparu et discrédité. Toute figure célèbre de l'histoire occidentale avant le XIXe siècle – Jules César, Jeanne d'Arc, Charlemagne, Aliénor d'Aquitaine, Napoléon – a dû connaître la théorie des humeurs et y ajouter foi.

Ce concept est apparu pour la première fois vers 500 avant notre ère dans la Grèce antique. Le mot humeur

1. Freya Harrison *et al.*, « A 1 000-year-old antimicrobial remedy with antistaphylococcal activity », *MBio*, 6(4), 2015.

est une traduction du mot grec *χυμός*, qui signifie littéralement sève. C'est surtout le médecin grec Hippocrate (célèbre pour son fameux serment) qui est aujourd'hui associé à la popularisation de cette idée, qu'il a théorisée comme suit :

> Le corps de l'homme a en lui sang, pituite, bile jaune et noire ; c'est là ce qui en constitue la nature et ce qui y crée la maladie et la santé. Il y a essentiellement santé quand ces principes sont dans un juste rapport de crase, de force et de quantité, et que le mélange en est parfait ; il y a maladie quand un de ces principes est soit en défaut soit en excès, ou, s'isolant dans le corps, n'est pas combiné avec tout le reste. Nécessairement, en effet, quand un de ces principes s'isole et cesse de se subordonner, non seulement le lieu qu'il a quitté s'affecte, mais celui où il s'épanche s'engorge et cause douleur et travail. Si quelque humeur flue hors du corps plus que ne le veut la surabondance, cette évacuation engendre la souffrance. Si, au contraire, c'est en dedans que se font l'évacuation, la métastase, la séparation d'avec les autres humeurs, on a fort à craindre, suivant ce qui a été dit, une double souffrance, savoir au lieu quitté et au lieu engorgé[1].

On attribue à Galien, médecin grec du IIe et du début du IIIe siècle, et à Avicenne, médecin et polymathe perse du Xe siècle, le mérite d'avoir développé ces idées pour créer la théorie des humeurs sous sa forme moderne, telle qu'elle avait cours à l'époque où nous avons visité le pays de Galles lors de notre voyage dans le temps en

1. Hippocrate, *De la nature de l'homme*, in *Œuvres*, tome VI, traduction par Émile Littré, Paris, chez J.-B. Ballière, 1849, §4.

aérostat. Les déséquilibres des humeurs rendaient compte de l'origine des maladies. Les humeurs elles-mêmes – le sang, le flegme, la bile jaune et la bile noire – étaient composées de quatre contraires : le chaud, le froid, l'humide et le sec. La bile jaune est chaude et sèche, le sang est chaud et humide, le flegme est froid et humide, et la bile noire est froide et sèche. Ces quatre contraires étaient la véritable cause de la formation de tout ce qui existe dans l'univers, y compris les quatre éléments : le feu, l'eau, l'air et la terre. Le feu, par exemple, est chaud et sec, tandis que l'eau est froide et humide. Les médecins recouraient à leur connaissance de ces forces opposées pour guérir n'importe quel mal. Une personne fiévreuse était censée être trop chaude et trop sèche, ce qui déséquilibrait ses humeurs (en créant une abondance de bile jaune). Pour traiter la fièvre, il fallait donc exposer le patient à quelque chose de froid et d'humide – comme de la laitue – afin de rétablir l'équilibre des humeurs.

L'explication de la solution « cul de poulet » pour soigner une morsure de serpent est ancrée dans la théorie des humeurs, bien que le manuscrit gallois n'entre pas dans les détails. Néanmoins, l'idée était que l'application du derrière d'un coq sur une plaie causée par une morsure de serpent permettrait d'extraire le venin de la personne et de le transférer au coq. Cela se produisait, bien sûr, grâce à la combinaison magique du déséquilibre des humeurs et de leurs contraires[1].

1. Le mécanisme de fonctionnement n'en est pas très clair. Avicenne et les autres experts de la théorie des humeurs considéraient que le venin de serpent était chaud. Avicenne considérait également que le croupion était chaud, peut-être parce qu'il produisait des excréments, considérés comme chauds. Alors peut-être le cul de poulet et ses excréments attiraient-ils

La théorie des humeurs était un système médical magnifiquement complexe, entièrement fondé sur l'inférence causale. Les praticiens avaient raison de dire que la maladie et les blessures suscitaient des changements – et des problèmes – dans les nombreuses substances de notre corps qui régulent notre biologie, dont le sang, la bile, etc. Ils se trompaient simplement sur les mécanismes de causalité. La théorie des humeurs a finalement été remplacée par la médecine moderne au milieu du XIXe siècle. La médecine moderne est née de la méthode scientifique, qui repose sur une technique fondamentale pour détecter la différence entre corrélation et causalité : l'essai clinique[1]. Cette méthode permet d'inférer une causalité (par exemple : le frottement du cul d'un poulet sur une plaie ferait sortir le venin du corps) et de la soumettre à vérification. Vous pouvez, par exemple, donner à cent patients victimes de morsures de serpent un traitement à base de cul de poulet, à cent patients un placebo (comme frotter la plaie avec du pain à l'ail) et à cent patients aucun traitement du tout. Si vous observez les résultats et que vous constatez que les trois groupes ont le même taux de guérison, vous savez maintenant

---

le venin parce qu'ils étaient tous les deux chauds ? Ma femme est une experte en la matière et m'a conseillé de ne pas spéculer, de peur de m'attirer les foudres des médiévistes. Il y a beaucoup à lire sur ce sujet dans les articles suivants : Kathleen Walker-Meikle, « Toxicology and treatment : medical authorities and snake-bite in the Middle Ages », *Korot*, 22, 2014, p. 85-104. Ranke de Vries, « A short tract on medicinal uses for animal dung », *North American Journal of Celtic Studies*, 3(2), 2019, p. 111-136.

1. Roger Collier, « Legumes, lemons and streptomycin : A short history of the clinical trial », *Canadian Medical Association Journal*, 180(1), 2009, p. 23-24.

que le cul de poulet (et le pain) ne guérit pas vraiment les morsures de serpent. À partir de là, vous pouvez tester toutes les hypothèses fondamentales de la théorie des humeurs jusqu'à ce que vous puissiez en conclure que les déductions qui permettaient d'établir la logique de fonctionnement des humeurs étaient erronées depuis le début.

Bien entendu, la méthode scientifique et les essais cliniques ne donnent pas *toujours* des résultats exacts. Pendant longtemps, la méthode scientifique nous a fait croire que le stress était à l'origine des ulcères gastriques, jusqu'à ce que Barry J. Marshall et J. Robin Warren démontrent, en 1984, que la bactérie *Helicobacter pylori* en était la cause première. Ils ont fait cette découverte après que Marshall a prélevé des bactéries dans l'estomac d'un patient souffrant de gastrite et les a ajoutées à une tasse de bouillon qu'il a bue. Trois jours plus tard, il a développé une gastrite, preuve que la bactérie était bien le coupable. Malheureusement, il faut du temps pour mettre en évidence les phénomènes réels par le truchement de la méthode scientifique, ce qui permet à nos spécialistes du pourquoi de mitonner entre-temps des réponses foireuses, dans la veine de la théorie des humeurs. Et les réponses foireuses aux grandes questions du pourquoi sont plus qu'un simple désagrément ; elles sont parfois si mauvaises que l'on se demande alors si le fait d'être un spécialiste du pourquoi n'est pas l'ultime abaissement de notre espèce.

Les spécialistes du pourquoi sont-ils exceptionnels ?

Nous jouissons de nos capacités de « spécialiste du pourquoi » depuis que notre espèce est apparue sur les rives du lac Baringo, mais, pendant la plus grande partie de la préhistoire, cela n'a pas donné grand-chose. Pendant une centaine de milliers d'années, notre population avait une taille comparable à celle des chimpanzés. En matière d'évolution des hominidés, ce n'est que très récemment (il y a 40 000 ans) que des avancées technologiques comme l'agriculture – fruit de notre compréhension de la croissance des plantes – nous ont permis de nous sédentariser et, génération après génération, d'agrandir notre population à des niveaux qui nous ont mis sur la voie de la domination mondiale. Cela prouve que le fait d'être un spécialiste du pourquoi a permis à notre espèce de proliférer à un degré absurde par rapport à nos cousins chimpanzés non spécialistes du pourquoi.

Mais cela signifie-t-il que notre mode de pensée humain – notre intelligence construite sur un socle de spécialisation dans le pourquoi – est spécial, exceptionnel ou même bon ? Le fait que les chimpanzés et les humains aient vécu côte à côte sur les rives du lac Baringo sur un pied d'égalité et avec des niveaux de réussite similaires pendant une centaine de millénaires suggère que le fait d'être un spécialiste du pourquoi n'a pas été d'emblée un triomphe du point de vue de l'évolution. En fait, ce que nous savons du succès des espèces animales non humaines démontre clairement que les animaux peuvent prendre des décisions fantastiquement utiles sans avoir besoin de se demander pourquoi les choses se produisent – d'autant que la compréhension des causes donne parfois de moins bons résultats que les façons moins compliquées de penser le monde (comme l'apprentissage associatif).

Dans les dernières pages de leur vaste étude sur l'inférence causale chez les animaux, les spécialistes d'éthologie cognitive Christian Schloegl et Julia Fischer concluent que, « du point de vue de l'évolution, il importe peu que l'animal raisonne, s'associe ou exprime un comportement inné, du moment qu'il accomplit sa tâche[1] ». Amen. De l'avis général, les animaux non humains se débrouillent très bien dans ce monde sans avoir une compréhension profonde de la causalité.

Par exemple, l'homme est loin d'être la seule espèce à avoir découvert que les plantes peuvent être utilisées comme médicaments ; d'autres espèces sont arrivées à la même conclusion par le biais de l'apprentissage associatif. En Afrique, une plante de la famille des marguerites, la *Vernonia amygdalina*, est utilisée par l'homme moderne pour soulager les symptômes du paludisme, les maux d'estomac et les parasites intestinaux. Or on a pu observer que des chimpanzés cueillaient cette même plante, la dépouillaient de ses feuilles et de son écorce extérieure et en mâchaient la sève amère. Les scientifiques ont montré que la consommation de cette plante n'était pas courante chez les chimpanzés – ayant d'ailleurs probablement le même goût infect pour eux que pour l'être humain – et qu'ils ne l'ingéraient que lorsqu'ils avaient des niveaux élevés de parasites intestinaux ;

1. Christian Schloegl et Julia Fischer, « Causal reasoning in non-human animals », *The Oxford Handbook of Causal Reasoning*, 2017, p. 699-715.

il semble en effet que ce comportement réduise leur charge parasitaire après ingestion[1]. Les chimpanzés ont ainsi appris à associer la consommation de cette plante au soulagement des crampes intestinales. Il est important de noter que ces chimpanzés ne se soucient probablement pas de savoir pourquoi cela fonctionne, mais seulement du fait que cela fonctionne. En se contentant de l'association apprise, sans se soucier de l'explication causale, les chimpanzés – et de nombreuses autres espèces, des oiseaux qui mangent de l'argile pour soulager leurs maux d'estomac aux éléphants qui mangent de l'écorce pour déclencher l'accouchement – savent donc s'auto-médicamenter[2].

Voici une question qui illustre le pouvoir de l'apprentissage associatif. Si vous pensiez avoir un cancer du sein, qui préféreriez-vous voir examiner votre mammographie ? Un radiologue fort de trente ans d'expérience dans le diagnostic du cancer ou un pigeon ? Me croyez-vous si je vous annonce que je préfère le pigeon ? Leur capacité d'apprentissage associatif, associée à leur acuité visuelle, leur donne un avantage sur les radiologues pour ce qui est de repérer un cancer. Une étude a d'ailleurs testé ce phénomène, et les résultats sont fascinants.

En utilisant une vieille forme d'apprentissage associatif appelée conditionnement classique, les chercheurs ont entraîné des pigeons à picorer des images de tissus mammaires cancéreux. Après avoir passé quelques jours

1. Michael A. Huffman, « Current evidence for self-medication in primates : A multidisciplinary perspective », *American Journal of Physical Anthropology : The Official Publication of the American Association of Physical Anthropologists*, 104(S25), 1997, p. 171-200.
2. pnas.org/content/111/49/17339.

à apprendre à différencier visuellement les tissus cancéreux des tissus non cancéreux, les pigeons ont reçu une série de nouvelles images de tissus mammaires à diagnostiquer. Dans 85 % des cas, ils ont identifié avec précision les tissus cancéreux. Leur niveau de précision a atteint 99 % lorsque les réponses des quatre pigeons ont été mises en commun. Ce consortium de pigeons cancérologues a fait mieux que les radiologues humains à qui l'on avait confié la même tâche[1].

Comme les humains, les pigeons ont l'acuité visuelle et le mécanisme perceptif nécessaires pour remarquer la différence de détail entre un tissu cancéreux et un tissu bénin, ainsi que la capacité cognitive de placer ces deux types de tissus dans des catégories conceptuelles distinctes. Dans ce type de tâche, le fait d'être un spécialiste du pourquoi ne donne pas d'avantage à l'homme. Il suffit qu'un pigeon dispose d'un système visuel très fin et d'un apprentissage associatif de base pour surpasser un radiologue lorsqu'il s'agit de repérer des tissus cancéreux.

Mais ce sont les conséquences négatives d'être un spécialiste du pourquoi qui remettent réellement en question son exceptionnalisme. Considérez les conséquences potentielles de la manière dont un humain (par opposition à un chimpanzé) pourrait analyser l'efficacité d'une feuille amère pour guérir un mal d'estomac. Il est facile d'imaginer un scénario dans lequel la capacité humaine à se demander « Pourquoi est-ce que je me sens mieux lorsque

1. Richard M. Levenson, Elizabeth A. Krupinski, Victor M. Navarro et Edward A. Wasserman, « Pigeons *(Columba livia)* as trainable observers of pathology and radiology breast cancer images », *PloS one*, 10(11), 2015, e0141357.

je mange de la feuille amère » pourrait nous entraîner sur une voie sombre. Un être humain pourrait conclure que la plante possède des propriétés surnaturelles qui lui ont été conférées par un dieu bienveillant. La plante pourrait alors occuper une place sacrée dans la société et être utilisée dans des rituels conçus pour en extraire les propriétés magiques. Peut-être la plante serait-elle utilisée lors d'une cérémonie spéciale, bouillie en un brouet puissant qui serait donné aux nouveau-nés pour leur donner une résistance surnaturelle dans leur voyage à travers la vie. En conséquence, de nombreux bébés mourraient lors de ce rituel, car les toxines concentrées dans la plante les tueraient.

L'histoire de notre espèce est truffée de ce genre de réponses terribles à des questions de type « pourquoi ». Selon le médecin américain du XIXe siècle Samuel George Morton, le polygénisme expliquerait les différences d'apparence entre les hommes des différentes régions du monde (peau plus claire ou plus foncée, taille plus petite ou plus grande, forme du nez et des yeux différente). Il s'agit de l'idée selon laquelle les différentes populations d'humains modernes ont évolué à partir de lignées distinctes d'hominidés primitifs ou ont été créées séparément par Dieu. Quoi qu'il en soit, selon Morton, les différences entre ces populations (qu'il regroupa en cinq races) sont visibles à l'examen de leur crâne, celui des Blancs étant le plus grand et le plus rond, contenant donc le plus de matière cérébrale et étant, bien entendu, le plus intelligent. Ai-je précisé que Morton était blanc ? Dans son sinistre ouvrage *Crania Americana*, il dit de la « race caucasienne » qu'elle « se distingue par la facilité avec laquelle elle atteint les plus hautes capacités intellectuelles[1] ». Nous savons aujourd'hui que le postulat de base de cet argument est erroné. Il n'existe aucune relation entre la taille du crâne (et donc du cerveau) et l'intelligence. Il existe des dizaines d'exemples de personnes qui mènent une vie tout à fait normale et ont même un quotient intellectuel tout à fait normal après avoir pourtant subi l'ablation de la moitié de leur cerveau ou souffrant d'une hydrocéphalie qui fait que le liquide présent dans leur crâne réduit la taille de leur cerveau à un petit pourcentage d'un cerveau humain normal. Chez l'homme, la taille du cerveau n'est absolument pas liée aux capacités cognitives. Comme nous le verrons dans les chapitres suivants, il y a de bonnes raisons de penser que la taille du cerveau ne peut pas non plus nous renseigner sur l'intelligence chez les animaux. C'est ce type de racisme – le racisme scientifique – qui a servi pour justifier, aux États-Unis, l'esclavage et la suprématie blanche qui, pendant des siècles, a causé des souffrances indicibles à des millions de personnes. Tout cela sur la base d'une réponse épouvantable (et complètement erronée) à une question apparemment innocente du type « pourquoi » ?

Pis encore, l'avenir même de notre espèce est menacé par des réponses involontairement épouvantables à des « pourquoi ». Le moteur à combustion interne est une merveilleuse technologie qui nous permet de créer de petites explosions capables de faire tourner un arbre de transmission, qui propulse des roues ou des turbines à

1. Samuel George Morton et George Combe, *Crania Americana ; or, A Comparative View of the Skulls of Various Aboriginal Nations of North and South America : To Which is Prefixed an Essay on the Varieties of the Human Species*, Philadelphie, J. Dobson ; Londres, Simpkin, Marshall, 1839.

réaction, etc. Il a été conçu sur la base d'une réponse à la question de savoir pourquoi la chaleur et la pression font bouger les objets. Malheureusement, le combustible que nous brûlons pour produire ces petites explosions (comme le bois, le charbon, l'essence) libère du dioxyde de carbone qui s'élève dans l'atmosphère, où il absorbe et rayonne de la chaleur. Comme nous faisons tourner des millions de moteurs à combustion depuis un siècle, nous avons généré tellement de dioxyde de carbone supplémentaire dans l'atmosphère que la Terre se réchauffe assez rapidement, ce qui, comme les climatologues l'annoncent depuis un certain temps, est mauvais. Ce réchauffement est si grave qu'il commence à déchirer le tissu même de nos sociétés et que, selon la Global Challenges Foundation, il fait partie des causes qui font que notre espèce a 10 % de risques de s'éteindre d'ici un siècle[1]. Alors, oui, les chimpanzés ne peuvent pas fabriquer des lames de pierre ou des moteurs à combustion parce qu'ils n'ont pas la capacité de se poser des questions sur le pourquoi des choses comme les humains, mais ils ne se tirent pas non plus une balle dans le pied, du point de vue de l'évolution.

L'évolution n'a pas encore décidé de ce qu'il fallait faire de la capacité humaine de raisonnement causal. Il reste à voir comment l'avenir de notre espèce sera impacté par notre nature de spécialiste du pourquoi. La solution aux menaces existentielles que nous nous sommes créées (comme le changement climatique) sera enracinée dans ce même système cognitif d'inférence

1. Owen Cotton-Barratt *et al.*, *Global Catastrophic Risks. A Report of the Global Challenges Foundation/Global Priorities Project*, 2016.

causale qui les a engendrées. La question reste ouverte quant à savoir si une solution arrivera à temps, ou si notre nature de spécialiste du pourquoi nous aura tous condamnés.

En définitive, il n'est tout simplement pas nécessaire d'avoir une compréhension de la causalité digne d'un spécialiste du pourquoi pour constituer une espèce prospère (cela pourrait même nuire à la réussite de l'espèce). Il n'est pas non plus nécessaire de comprendre la causalité pour devenir un *day-trader* millionnaire. Mike McCaskill a passé deux décennies à fonder ses décisions d'achat d'actions sur sa compréhension des causes et des effets sur le marché boursier. Or, nous l'avons vu, il ne s'agit de rien de plus que d'un pari aléatoire du genre de ceux dont Orlando le chat est capable. « Mon père dit que je ne fais que parier sur le hasard, m'a confié Mike. Que si j'avais fait des transactions normales, je serais riche depuis plus longtemps. »

Ainsi, vous pouvez utiliser votre raisonnement de spécialiste pour choisir les actions et les obligations de votre portefeuille si vous le souhaitez, ou vous pouvez laisser votre chat les choisir pour vous. Mais la certitude que vos aptitudes de spécialiste du pourquoi vous donnent une supériorité intellectuelle sur votre chat n'est rien d'autre qu'une illusion.

2

ÊTRE HONNÊTE

La force et les pièges du mensonge

> « Qu'est-ce donc que la vérité ? Une multitude mouvante de métaphores, de métonymies, d'anthropomorphismes, bref une somme de relations humaines qui ont été rehaussées, transposées, et ornées par la poésie et par la rhétorique, et qui après un long usage paraissent établies, canoniques et contraignantes aux yeux d'un peuple : les vérités sont des illusions dont on a oublié qu'elles le sont[1]. »
>
> Nietzsche

C'est en 2004, dans le village de Standish, en Angleterre, à quelques kilomètres de sa pittoresque ferme équestre, près des plages de Formby, que Sally Greenwood fit la connaissance de Russell Oakes dans sa clinique d'ostéopathie. Oakes soulagea les douleurs dorsales de Greenwood comme le font d'ordinaire les ostéopathes, qui manipulent les articulations et les muscles d'un patient pour traiter ses

1. Frédéric Nietzsche, *Vérité et mensonge au sens extra-moral* [1873], traduit par Michel Haar et Marc B. de Launay, *in* Nietzsche, *Œuvres*, I, Paris, Gallimard, « Bibliothèque de La Pléiade », 2009, p. 408.

maux et blessures. Au cours de l'une de leurs séances, Oakes lui fit une annonce surprenante : ses techniques ostéopathiques, qui fonctionnaient sur les humains, pouvaient facilement être appliquées aux animaux. Intriguée par les affirmations de son thérapeute, Greenwood l'invita dans sa ferme pour qu'il traite ses chevaux. Ce fut un énorme succès. Peu après, Oakes commença à travailler pour elle en tant qu'assistant équin.

Moins de deux ans après leur rencontre, Greenwood apprit que son employé avait obtenu un diplôme de vétérinaire et était inscrit au Royal College of Veterinary Surgeons (Collège royal des chirurgiens vétérinaires). Il lui expliqua qu'il avait bénéficié d'une procédure accélérée pour obtenir son diplôme, compte tenu de sa formation antérieure en ostéopathie[1]. Elle lui proposa d'installer son nouveau cabinet vétérinaire au sein de sa ferme ; il accepta très volontiers et créa Formby Equine Vets en 2006. Greenwood était impressionnée par ses compétences, ses connaissances et ce qu'elle appelait son « talent naturel ». Peu après l'ouverture de la clinique, il sauva les yeux de l'un de ses chevaux et identifia, avec un diagnostic sûr, un problème à la jambe de l'un de ses coûteux chevaux de dressage[2].

Mais il ne fit pas la même impression sur tous. Seamus Miller, alors vétérinaire équin au sein du Rufford Veterinary Group, dans le Lancashire voisin, était déconcerté par la rapidité avec laquelle Oakes avait obtenu

---

1. « Bogus Lancashire vet jailed after botched castration », *BBC News*, 11 janvier 2010. news.bbc.co.uk/2/hi/uk_news/england/merseyside/8453020.stm.
2. James Tozer et Liz Hull, « Bogus doctor and vet who conned patients out of more than £ 50 000 jailed for two years », *The Daily Mail*, 12 janvier 2010. dailymail.co.uk/news/article-1242375/Bogus-doctor-conned-patients-50-000-pay-child-maintenance-jailed.html.

ses diplômes[1]. Comment aurait-il pu, tout en menant à plein temps son activité d'ostéopathe, suivre simultanément les cours de l'école vétérinaire ? « La communauté vétérinaire le connaissait comme ostéopathe à Standish, expliqua Miller au *Liverpool Echo*. Il semblait incongru qu'il ait soudainement obtenu un diplôme de vétérinaire. » En réalité, il faut, pour décrocher ce type de diplôme au Royaume-Uni, cinq années d'études intenses à temps plein, qu'il serait impossible de mener de front avec une activité professionnelle. Après l'avoir vu interagir avec les chevaux, Miller s'était également mis à douter des compétences vétérinaires d'Oakes. « Nous avons pris connaissance du travail qu'il avait effectué, a-t-il déclaré. Ce n'était pas du niveau auquel on aurait pu s'attendre. » Miller décida de vérifier par lui-même ce qu'il en était de sa formation en contactant le Royal College of Veterinary Surgeons, mais tout semblait parfait de ce côté-là. Le collège lui assura qu'Oakes était un membre en règle et confirma ses qualifications[2].

Mais, en février 2008, Miller fut appelé dans une ferme d'Ainsdale pour remédier à une situation d'urgence provoquée par Oakes. Ce dernier avait été engagé par la ferme pour castrer Roo, un poney gallois de quatre ans[3]. Des témoins rapportèrent alors qu'il avait

1. « The man who exposed bogus GP Russell Oakes speaks », *Liverpool Echo*, 12 janvier 2010. liverpoolecho.co.uk/news/liverpool-news/man-who-exposed-bogus-gp-3433329.

2. « Equine osteopath used forged degree to register as a vet », *Horse & Hound*, 20 mars 2008. horseandhound.co.uk/news/equine-osteopath-used-forged-degree-to-register-as-a-vet-199362.

3. « The man who exposed bogus GP Russell Oakes speaks », *Liverpool Echo*, 12 janvier 2010. liverpoolecho.co.uk/news/liverpool-news/man-who-exposed-bogus-gp-3433329.

tâtonné avec le produit anesthésique (il lui avait fallu plus de vingt minutes pour le mélanger) et qu'il avait eu du mal à trouver une veine pour l'injection[1]. Au moment de l'opération, Oakes avait tranché une artère et provoqué chez le poney une hémorragie incontrôlable. C'est à ce moment-là qu'on avait fait appel à Miller pour sauver la vie de Roo (ce qu'il fit). Miller rapporta l'incident au Royal College of Veterinary Surgeons et insista à nouveau pour qu'il mène une enquête sur Oakes. Cette fois-ci, ce fut fait avec plus de sérieux.

Il s'avéra qu'Oakes n'était pas du tout vétérinaire. Quant au diplôme de l'université Murdoch (Australie) accroché à son mur, il l'avait acheté auprès d'une société en ligne spécialisée dans la confection de faux diplômes. La police locale, qui diligenta ensuite une enquête sur les activités d'Oakes, découvrit une longue série de comportements frauduleux. Dans sa clinique d'ostéopathie, il avait falsifié des résultats de laboratoire pour convaincre une femme âgée qu'elle avait des problèmes cardiaques et rénaux, et utilisé un faux test sanguin pour diagnostiquer des allergies chez un garçon de cinq ans, qu'il avait soumis ensuite à un régime sans gluten qui lui avait fait perdre tant de poids qu'il avait fallu l'hospitaliser[2].

Mis en état d'arrestation, Oakes parut avoir bien du mal à comprendre ce qui se passait. Il déclara à la police qu'il croyait que le diplôme de vétérinaire qu'il avait

1. « Bogus Lancashire vet jailed after botched castration », *BBC News*, 11 janvier 2010. http ://news.bbc.co.uk/2/hi/uk_news/england/merseyside/8453020.stm.

2. « How bogus GP Russell Oakes made others in Merseyside believe his lies », *Liverpool Echo*, 12 janvier 2010. liverpoolecho.co.uk/news/liverpool-news/how-bogus-gp-russell-oakes-3433327.

obtenu en ligne était réel[1] et clama que son désir d'aider à soulager la souffrance des humains et des animaux avait été son unique motivation, qu'il n'était coupable d'aucun acte répréhensible. Dans une interview accordée au magazine *Horse & Hound*, l'un des principaux enquêteurs chargés de l'affaire – l'inspecteur John Bolton de la police de Merseyside – expliqua qu'Oakes « avait menti lors de tous les interrogatoires de police et n'avait fait preuve d'aucun remords. Mais qu'en réalité, il semblait s'être sincèrement convaincu de sa propre innocence ».

Russell Oakes avait été si loin dans le mensonge qu'il avait réussi à s'abuser lui-même. Ce qui, chez l'être humain, n'est pas si surprenant. Vous, Oakes et moi sommes tous d'habiles menteurs taillés dans la même étoffe. La capacité de mentir, à l'égale de celle de faire des inférences causales, est l'un des piliers auxquels nous devons notre succès. Comme tout comportement humain, le mensonge plonge ses racines dans le règne animal, qui présente des pratiques analogues, mais notre espèce l'a poussé jusqu'à l'absurde. Comme nous le verrons dans ce chapitre, la volonté de créer et de croire des mensonges a contribué à mettre au premier plan notre espèce. Malheureusement, elle pourrait aussi signifier notre perte.

Les origines de la tromperie

Pour comprendre comment *Homo sapiens* a développé la capacité de mentir, il est important de replacer cette

1. « Fraudulent vet : The bigger picture », *RCVS News. The Newsletter of the Royal College of Veterinary Surgeons*, juin 2010.

dernière dans le cadre général de l'évolution de la communication dans le règne animal. Comment les biologistes définissent-ils la communication ? Voici une définition possible : une méthode de transmission d'un signal contenant des informations *véridiques* à une autre créature dans le but de modifier le comportement de celle-ci.

La communication est au cœur du monde biologique depuis l'apparition de la vie. Prenons les pétales jaunes d'un pissenlit. Ces pétales ont évolué pour transmettre aux insectes pollinisateurs des informations précises sur la présence de nectar et de pollen. Les insectes, qui ont évolué en parallèle des fleurs, ont ainsi acquis la capacité de décoder ces informations. La fleur signale donc aux insectes qu'il y a de la nourriture, ce qui modifie le comportement des insectes (c'est-à-dire les incite à se poser sur la fleur). Ce système de communication est bénéfique pour les deux parties concernées : l'insecte se nourrit, et le pollen de la fleur se répand à mesure que les insectes se déplacent d'une fleur à l'autre.

Presque toutes les communications dans le règne animal transmettent des informations utiles et précises. La grenouille des fraises, vénéneuse, est d'un rouge vif : c'est un signal visuel qui indique aux autres animaux qu'elle contient des toxines mortelles. La grenouille n'a pas la moindre intention de transmettre cette information ; elle est simplement née ainsi et n'a aucune idée de la signification de sa couleur rouge. Les prédateurs des grenouilles, comme les serpents, savent d'instinct qu'une grenouille rouge est indigeste. Ils n'ont pas besoin de l'apprendre par essais et erreurs. Lorsqu'ils voient une grenouille rouge, ils s'en éloignent. Les couleurs vives (comme celle de la grenouille rouge), les rayures très contrastées (comme celles de la moufette) ou les points bleus éblouissants (comme ceux de la pieuvre aux anneaux bleus) sont des *signaux aposématiques* : en grec, *apo* signifie « loin de » et *sema* signifie « signe ». Les êtres humains naissent également avec une peur instinctive des signaux aposématiques, liée à leur histoire évolutionnaire. Ils sont pré-câblés pour se méfier, par exemple, des formes triangulaires, comme le motif en zigzag sur la peau d'un serpent à sonnette[1]. Cette peur ancestrale pourrait être à l'origine de l'*aichmophobie*, « une crainte morbide des objets pointus ou tranchants (comme des ciseaux ou des aiguilles)[2] » qui va au-delà des objets manifestement dangereux comme les serpents, les couteaux et les aiguilles. Pour les personnes atteintes d'*aichmophobie*, même le coin pointu d'une table de salle à manger suscite une réaction de peur similaire à celle provoquée par la vue d'un serpent à sonnette.

Cependant, toutes les communications animales ne sont pas fiables. Le règne animal est rempli d'espèces qui ont développé des caractéristiques morphologiques susceptibles de transmettre également des informations trompeuses. Ce qui nous amène à définir un autre terme.

Tromperie : méthode de transmission d'un signal contenant de *fausses* informations à une autre créature dans le but de modifier le comportement de cette dernière.

En biologie, nous avons un exemple classique de signal trompeur : quand une espèce prétend ressembler à un

1. Jeremie Souchet et Fabien Aubret, « Revisiting the fear of snakes in children : the role of aposematic signaling », *Scientific reports*, 6(1), 2016, p. 1-7.

2. Merriam-Webster, *s. v.* « Aichmophobia », *in* Merriam-Webster.com dictionary.merriam-webster.com/dictionary/aichmophobia.

objet ou à un autre animal. Ce phénomène est connu sous le nom de *mimétisme*. Les phasmes en sont l'illustration la plus connue. Il s'agit d'insectes dont le corps ressemble exactement à une brindille ou à une branche d'arbre. Il y a aussi les poissons-papillons, qui ont une grosse tache noire sur les flancs (appelée ocelle), ce qui crée l'illusion visuelle que leur corps est la tête d'un prédateur. Quant au mimétisme batésien, il implique qu'un animal inoffensif en soit venu, au cours de l'évolution, à imiter les signaux aposématiques d'un animal dangereux. Le clyte bélier, par exemple, a des rayures noires et jaunes qui le font ressembler à une guêpe commune pouvant être mortelle, mais il est inoffensif. Les éristales tenaces (qui ne piquent pas) ont des rayures colorées qui leur donnent exactement l'apparence d'une abeille domestique. La grenouille équatorienne *Allobates zaparo* est rouge comme la grenouille des fraises, mais elle n'est pas toxique. Le mimétisme batésien est un mécanisme de défense peu onéreux (du point de vue de l'évolution) pour décourager les prédateurs potentiels. Il ne faut pas beaucoup de mutations ou de changements dans la génétique et la morphologie d'un éristale tenace pour faire évoluer les rayures, par comparaison avec les nombreuses mutations nécessaires pour générer un véritable dard venimeux. Pour un animal, être capable de piquer représente un fantastique mécanisme de défense, mais la production de venin requiert beaucoup d'énergie et de ressources cellulaires. En faisant semblant d'être un animal piqueur sans gaspiller d'énergie pour entretenir un dard venimeux, les éristales tenaces ont trouvé une sorte de faille dans le système de communication par signaux ; un raccourci évolutionnaire qui détourne ce qui est habituellement un signal véridique (là où il y a des rayures, il y a un dard) pour le transformer en tromperie (il y a des rayures, mais pas de dard).

Il est important de comprendre que le mot « tromperie » n'a aucune connotation négative en biologie lorsqu'il s'agit de décrire la communication animale. Dans notre esprit, la tromperie caractérise les actions commises par de mauvaises personnes à des fins malveillantes. Mais, dans le règne animal, la tromperie renvoie simplement à un signal de communication qui fournit des informations inexactes. Dans la plupart des cas, le signal de communication lui-même est intégré dans la morphologie de l'animal (comme la couleur de la peau d'une grenouille), de sorte que l'animal est totalement inconscient de l'inexactitude de l'information qu'il transmet. Les animaux non humains produisent des signaux trompeurs (comme le mimétisme) sans intention de tromper, ou sans savoir que le signal lui-même est trompeur.

Comparez cela au comportement de Russell Oakes. Il contrôlait consciemment sa communication trompeuse, et c'est dans l'intention de tromper Sally Greenwood qu'il lui donna une fausse information quant à son identité. Il savait qu'il mentait et que Greenwood croirait à ses mensonges. Pour réaliser cet exploit, les êtres humains ont développé plusieurs traits cognitifs qui font d'eux des trompeurs habiles. En réalité, notre capacité à tromper intentionnellement les autres plonge, comme toujours, ses racines dans le règne animal : certains animaux non humains sont capables de comportements analogues, comme nous allons le voir dans la section suivante.

Tout est dans l'intention

La communication animale que nous avons évoquée jusqu'à présent peut être qualifiée de passive ou d'involontaire : il s'agit d'une simple propriété physique de l'animal (comme les canines géantes d'un babouin ou les bois d'un élan mâle) qui a évolué de façon à transmettre un message particulier. Cependant, les animaux peuvent également communiquer de manière active et intentionnelle. Prenons l'exemple d'un chat domestique. Lorsqu'un chat veut faire comprendre qu'il n'est pas content, il agite sa queue et en frappe souvent le sol. Le battement de la queue est un signal que les chats ont développé pour transmettre à leurs congénères des informations importantes sur leur état émotionnel. Il est honnête : le comportement correspond exactement à l'état émotionnel négatif du chat.

Cependant, une question se pose : le battement de queue du chat est-il intentionnel ? Si un animal décide de générer un signal de communication dans un but précis, nous pouvons qualifier d'intentionnel ledit signal. Ce que les animaux tentent de réaliser par la communication intentionnelle, c'est de modifier le comportement d'un autre animal. Et, parce qu'ils ont cet objectif en tête, ils surveillent la situation pour voir si leurs signaux de communication ont l'effet désiré. Par exemple, lorsque je caresse mon chat Oscar et qu'il bat de la queue, c'est parce qu'il veut que j'arrête de le caresser. Le coup de queue n'est qu'un des nombreux signaux dont les chats disposent dans leur répertoire comportemental pour indiquer leur mécontentement. Si je ne parviens pas à comprendre ce qu'Oscar veut dire, il passera à un autre signal de communication un peu plus clair. Comme me mordre la main. Là encore, il fait le choix (il a l'intention) de me mordre dans le but de me faire cesser de le caresser (c'est-à-dire de modifier mon comportement). Oscar utilisera tous les signaux de communication qu'il possède dans son répertoire et qui correspondent à son état émotionnel négatif (par exemple, coups de queue, morsures, gémissements, griffures) jusqu'à atteindre l'objectif qu'il s'est fixé.

Le signal de battement de queue d'Oscar est honnête en ce sens qu'il est une représentation exacte de son état émotionnel. Mais il arrive aussi que les animaux produisent des signaux de communication intentionnels qui ne sont pas honnêtes et manifestent leur intention de tromper avec de fausses informations sur eux-mêmes, leurs états émotionnels ou leurs pensées. Prenons l'exemple des poules.

Dans la *Généalogie de la morale*, Nietzsche écrit de l'homme malheureux qu'« il en est de lui comme de la poule autour de laquelle on a tracé une ligne. Il n'arrive plus à sortir de ce cercle[1] ». Cette image peu réjouissante de la condition humaine fait référence à un comportement particulier des poules : si vous en prenez une et la mettez la tête en bas puis que vous tracez un cercle autour d'elle, elle restera complètement immobile. Pourquoi ? Cela n'a rien à voir avec le cercle. C'est parce que vous avez mis la poule à l'envers. Les scientifiques appellent ce phénomène l'*immobilité tonique* : il s'agit

1. Frédéric Nietzsche, *La Généalogie de la morale*, traduit par Henri Albert, Paris, Mercure de France, 1900, p. 246.

d'une façon de faire le mort[1]. Lorsqu'ils sont menacés, les opossums font également le mort : ils se mettent sur le dos, la langue pendante. Ce comportement est très répandu chez les serpents, les araignées, les insectes, les poissons, les oiseaux et les grenouilles. Il est efficace, car la plupart des prédateurs se garderont bien de manger un animal mort (et éventuellement pourri). En feignant la mort, une poule fournit de fausses informations sur son état de décomposition. Il s'agit d'une forme de tromperie comportementale que la poule utilise pour manipuler un attaquant potentiel et l'empêcher de la manger.

On observe un comportement similaire chez de nombreuses espèces d'oiseaux qui font leur nid dans le sol. Les pluviers siffleurs, qui nichent dans les dunes de sable, se livrent à ce que l'on appelle une *parade de simulation d'une aile brisée*. Lorsqu'un prédateur présumé s'approche du nid d'un pluvier, la mère prend son envol et crie dans l'espoir d'attirer le prédateur vers elle et de l'éloigner du nid. Puis elle adopte un comportement remarquable : elle se couche au sol et commence à marcher maladroitement en traînant ses ailes derrière elle. On dirait qu'elle a une aile cassée. La plupart des prédateurs s'empressent de poursuivre l'oiseau « blessé », qui constitue un repas facile. Mais ce n'est qu'un leurre. Une fois que la menace s'est suffisamment éloignée de son nid, elle cesse son manège et s'enfuit à tire-d'aile pour se mettre à l'abri.

Cette parade de l'aile brisée, ruse très maligne, s'est développée chez les pluviers, qui en ont fait un acte de

1. Gordon G. Gallup, « Tonic immobility in chickens : Is a stimulus that signals shock more aversive than the receipt of shock ? », *Animal Learning and Behavior*, 1(3), 1973, p. 228-232.

tromperie. Et, étant donné que la mère surveille le comportement du prédateur pour voir si sa tromperie fonctionne, on peut en déduire que son comportement est un exemple de tromperie intentionnelle.

Il existe des trompeurs encore plus malins. Quelques espèces adoptent un comportement dit de « tromperie tactique », soit ce qui se rapproche le plus du mensonge humain dans le règne animal. On peut parler de tromperie tactique « lorsqu'un individu est capable d'utiliser un acte "honnête" de son répertoire normal dans un contexte différent pour tromper des individus familiers[1] ». Cette définition a été donnée par les psychologues évolutionnistes Richard W. Byrne et Andrew Whiten, qui ont introduit cette notion dans une série d'articles consacrés à la description du comportement trompeur des babouins et d'autres primates. L'idée est qu'un animal prend un signal de communication qu'il utilise pour transmettre des informations vraies la plupart du temps mais le subvertit pour confondre un autre animal. Ce qui fait toute la différence, c'est le caractère vérace de l'information. L'aile brisée du pluvier ou la simulation de la mort par la poule sont trompeuses à dessein, ce qui signifie que ces comportements ne correspondent pas à la définition de la tromperie tactique. Une tromperie n'est tactique que si l'animal a pris la décision d'utiliser un signal correct de manière trompeuse, forçant le récepteur à une mauvaise interprétation de la situation.

1. Voir Richard William Byrne et Andrew Whiten, « Tactical deception of familiar individuals in baboons (*Papio ursinus*) », *Animal Behaviour*, 33(2), 1985, p. 669-673. Et aussi : Andrew Whiten et Richard William Byrne, « Tactical deception in primates », *Behavioral and brain sciences*, 11(2), 1988, p. 233-244.

Les chercheurs ont trouvé des exemples de tromperie tactique chez les primates, les chiens et les oiseaux, mais mon exemple préféré est celui de la *Sepia plangon*, une espèce de céphalopode. Cette classe de mollusques à tentacules, qui comprend les pieuvres et les calmars, a la réputation d'avoir des capacités cognitives bien supérieures à celles de ses proches cousins, les escargots et les limaces. Les *Sepia plangon*, qui vivent au large de la côte est de l'Australie, ressemblent à des calmars et mènent une vie sociale étonnamment complexe. Elles se rassemblent en larges groupes sociaux, constituant un véritable spectacle : des cellules cutanées pigmentées appelées *chromatophores*, qui fonctionnent un peu comme l'encre électronique d'une liseuse, transforment leurs corps en fantasmagories élaborées. Ces motifs et formes complexes servent à la fois de camouflage et de moyen de communication. Tout au long de la journée, les *Sepia plangon* mâles affichent généralement un motif rayé qui les distingue, tandis que les femelles présentent un motif tacheté.

Observons à présent leurs habitudes reproductives. Les mâles, lorsqu'ils courtisent les femelles, ne tolèrent pas la présence à proximité de petits subordonnés du même sexe. Or, les scientifiques ont observé des mâles plus petits s'adonner à une forme rare et astucieuse de tromperie tactique pour déjouer les mâles dominants et augmenter leurs chances de s'accoupler avec les femelles sans éveiller leurs soupçons.

Lorsqu'un mâle de petite taille est surpris en train de courtiser une femelle sur laquelle un mâle dominant a des vues, il se glisse entre eux et fait quelque chose de stupéfiant. Du côté du mâle rival, sa coloration change pour ressembler au motif tacheté de la femelle. Du côté de la femelle, il conserve sa coloration normale. Le mâle le plus grand est trompé et pense qu'il a devant lui deux femelles, tandis que le plus petit peut continuer à faire la cour comme il l'escomptait[1]. Ce qui fait de ce comportement une tromperie *tactique* (et non une tromperie ordinaire), c'est que le signal lui-même – le motif tacheté – est normalement un signal honnête indiquant que l'animal est une femelle. Ce qui est encore plus sournois, c'est que les petits ne mettent en œuvre cette transformation qu'en présence d'un seul mâle. S'il y a plusieurs mâles dans les parages, ils ne prennent pas ce risque, conscients du fait que les différents angles de vue révéleraient leur manœuvre. Cette capacité à déterminer le moment adéquat pour utiliser cette tactique – quand il n'y a qu'un seul mâle, et non pas plusieurs – est en soi remarquable. Ils surveillent activement leur environnement et modifient leur comportement trompeur en fonction des circonstances. Ce type de tromperie tactique et intentionnelle est extrêmement rare dans le règne animal – bien plus rare que les autres formes de tromperie observées chez les animaux.

Il est probable qu'une interaction avec un chien vous donnera la seule et unique occasion dans votre vie de tous les jours de rencontrer une tromperie tactique chez un animal. Les chercheurs ont découvert que les chiens trompent leur maître en les conduisant avec enthousiasme vers une récompense alimentaire qui les intéresse

1. Culum Brown, Martin P. Garwood et Jane E. Williamson, « It pays to cheat : tactical deception in a cephalopod social signalling system », *Biology Letters*, 8(5), 2012, p. 729-732.

moins si le maître a la réputation de subtiliser la nourriture[1]. Ils trompent activement les gens pour augmenter leurs chances d'obtenir la nourriture qui les fait véritablement saliver.

Toutes les stratégies de communication animale que j'ai mentionnées dans cette section – communication intentionnelle, tromperie intentionnelle et tromperie tactique – constituent les éléments de base sur lesquels se construit la capacité humaine à mentir. Le mensonge, cependant, est une autre paire de manches. Il requiert un ensemble de compétences cognitives qui manquent sans doute même au plus tactique des trompeurs – disons notre calmar. Le langage est l'un des éléments clés qui distinguent la capacité humaine à mentir du comportement trompeur des autres animaux

La différence entre le langage humain et la communication animale est mon sujet d'étude favori. Mais, luttant contre mon envie d'y consacrer ici des centaines de pages, je vais tenter de synthétiser ma vision de la chose en une seule phrase toute simple : la communication animale engage des signaux qui transmettent des informations sur un tout petit nombre de sujets, alors que le langage humain peut transmettre des informations sur n'importe quel sujet. Ce résumé nous épargne une longue discussion sur les différences structurelles ou fonctionnelles entre le langage humain et la communication animale, ainsi que sur la question de savoir comment le langage a surgi à partir des formes antérieures de communication des

1. Marianne T. E. Heberlein, Marta B. Manser et Dennis C. Turner, « Deceptivelike behaviour in dogs (*Canis familiaris)* », *Animal Cognition*, 20(3), 2017, p. 511-520.

hominidés. Car l'essentiel est là : il y a quelque chose de différent dans l'esprit humain qui permet une capacité de discussion illimitée sur un sujet donné.

L'animal non humain limite généralement sa communication au fait de faire connaître à son environnement son état émotionnel (par exemple, la colère), son état physique (comme son espèce), son identité (quel genre de dauphin il est, d'après son sifflement unique), son territoire (ainsi des chiens qui marquent le leur en urinant sur les arbres) et parfois – mais assez rarement –, de signaler la présence d'objets extérieurs intéressants aux alentours (citons les cris d'alarme des chiens de prairie qui peuvent indiquer l'emplacement, la taille, la couleur et même l'espèce des prédateurs qui s'approchent). Par le biais du langage, en revanche, les humains peuvent littéralement discuter – et mentir – sur n'importe quel sujet. L'esprit des humains regorge de faits morts (comme nous l'avons vu au chapitre I), et nous disposons donc d'un éventail illimité de sujets que nous pouvons canaliser en mots.

Au cours des cinquante dernières années, de nombreuses tentatives ont été faites pour apprendre aux animaux à utiliser des systèmes de communication symbolique. À chaque fois, il s'agissait de tester les limites de leurs capacités cognitives, tant au niveau de la compréhension passive du langage qu'à celui de l'expression active de leurs pensées par le biais du langage. Mais, malgré des décennies d'efforts, aucun animal n'a jamais été en mesure d'apprendre des systèmes de symboles lui permettant de communiquer sur des sujets autres que les plus élémentaires. Même nos animaux les plus prolifiques en matière d'apprentissage du langage – comme Koko le gorille, Kanzi le bonobo ou Akeakamai le dauphin – n'ont pu finalement partager leurs pensées que sur un nombre extrêmement réduit de sujets. Par incapacité ou par manque d'intérêt, les animaux n'utilisent tout simplement pas de système de symboles pour générer des mots et des phrases de manière illimitée et expressive, comme le font les humains.

Cette capacité d'expression illimitée par le biais du langage est l'un des ingrédients clés qui permettent aux humains d'avoir le monopole du mensonge. D'autant plus que, comme nous le verrons dans la section suivante, ils détiennent une compétence encore plus fondamentale qui, lorsqu'elle se combine avec le langage, fait de notre espèce les trompeurs les plus habiles de cette planète.

Manipulation mentale

Pour comprendre pourquoi les humains sont de si habiles menteurs, commençons par définir clairement ce qu'est le mensonge : il s'agit d'une méthode qui consiste à transmettre intentionnellement de fausses informations à une autre créature dans le but exprès de lui faire croire quelque chose qui n'est pas vrai afin de manipuler son comportement.

Lorsque les humains mentent, ils le font avec l'intention de modifier non seulement le comportement du destinataire, mais aussi ses croyances. Il s'agit là d'une distinction essentielle, qui nous rend uniques. Manipuler les croyances de quelqu'un suppose de savoir (ou du moins de deviner) que les autres humains/animaux ont des croyances, que leur esprit déborde de pensées, de sentiments, de désirs, d'intentions, etc. Les humains n'ont aucun mal à se représenter ainsi les autres, ce qui explique que nous traitions parfois les objets inanimés – dont nous savons qu'ils sont dépourvus d'esprit – comme s'ils en avaient un. Dans les années 1970, Gary Ross Dahl a mis à profit cet étrange aspect de la psychologie humaine pour gagner des millions. Dahl est l'inventeur du « pet rock » (ou « pierre de compagnie ») – une petite pierre posée sur de la paille à l'intérieur d'une boîte en carton munie de trous d'aération. Sur la simple base de ce nom, les gens ont commencé à traiter la pierre de façon semi-ironique, comme s'il s'agissait d'une entité vivante dotée de sentiments, de désirs et de besoins. Ce type de comportement est à la fois très bizarre et très humain.

Les humains ne cessent de faire des prédictions sur les raisons pour lesquelles d'autres créatures font ce qu'elles font, ou sur ce qu'elles pourraient faire à l'avenir, en se basant sur les hypothèses qu'ils émettent de ce qui leur passe par la tête. C'est intimement lié à notre nature de spécialistes du pourquoi et des inférences causales. Par exemple, je peux demander : « Pourquoi mon chat miaule-t-il en ce moment ? » La réponse ? Parce qu'il *veut* que j'ouvre la porte d'entrée. Ma capacité à deviner ce que *veut* mon chat s'appelle avoir une *théorie de l'esprit* (ou parfois *mindreading* ou *attribution d'un état mental*). Nous pouvons élaborer une théorie ou un modèle de ce qui, selon nous, se passe dans l'esprit d'autres créatures[1]. Cela nous permet de nous demander pourquoi les êtres

1. La « théorie de l'esprit » est une expression forgée en 1978 par David Premack et Guy Woodruff : David Premack et Guy Woodruff, « Does the chimpanzee have a theory of mind ? », *Behavioral and Brain Sciences*, 1(4), 1978, p. 515-526.

vivants font ce qu'ils font et de fonder notre réponse sur notre meilleure estimation des objectifs, des désirs et des croyances qui leur passent par la tête.

Le fait d'utiliser la théorie de l'esprit pour manipuler les croyances d'autres créatures augmente le niveau de contrôle que vous exercez lorsque vous tentez de modifier leur comportement. Imaginez que vous êtes poursuivi par une hyène. Si vous utilisez la théorie de l'esprit pour deviner que l'hyène vous poursuit parce qu'elle a faim, vous pourriez essayer de lui lancer votre sandwich au jambon. Elle pourrait alors le manger à votre place. La plupart des animaux n'y penseraient pas parce qu'ils ne réfléchissent pas aux motivations de l'hyène. Ils se contenteraient de courir et de se cacher.

L'homme est l'un des rares animaux (si ce n'est *le seul*) sur cette planète à posséder une théorie de l'esprit. Les scientifiques ont passé quarante ans à concevoir des expériences pour trouver des preuves que les animaux non humains pourraient pénétrer les croyances et les motivations des autres[1]. À l'heure où j'écris ces lignes, le test de *fausse croyance* constitue la meilleure preuve dont nous disposons qu'un animal non humain possède la théorie de l'esprit. Ce test détermine si un animal sait qu'un autre animal ou une autre personne a une croyance factuellement incorrecte sur ce qu'est le monde. Nos congénères les grands singes nous offrent la meilleure preuve de cette capacité. Dans une expérience célèbre, des grands singes (chimpanzés, bonobos et orangs-outans) ont été soumis à

1. Christopher Krupenye et Josep Call, « Theory of mind in animals : Current and future directions », *Wiley Interdisciplinary Reviews : Cognitive Science*, 10(6), 2019, e1503.

une expérimentation pour voir s'ils comprenaient qu'un chercheur humain puisse être induit, par tromperie, à croire quelque chose de faux. Les singes regardaient par une fenêtre une scène dramatique spécialement conçue pour capter leur attention[1]. Derrière la fenêtre, ils pouvaient voir deux balles de foin géantes et un expérimentateur déguisé en gorille. Un acteur humain est ensuite entré par une porte et a été confronté au « gorille » (une scène de combat très intéressante à regarder quand on est un grand singe). Le gorille s'est ensuite caché derrière l'une des bottes de foin sous les yeux de l'acteur humain. L'homme est ensuite retourné à l'intérieur pour prendre un gros bâton afin de frapper le gorille. Mais, pendant son absence, le gorille est sorti de sa cachette et s'est enfui. L'homme n'a pas vu que le gorille était parti, et il a maintenant la *fausse croyance* que le gorille se trouve derrière la botte de foin. Le postulat était alors que si les singes observant cette scène avaient une théorie de l'esprit, ils s'attendraient à ce que l'homme cherche le gorille au mauvais endroit : derrière la botte de foin où l'homme a vu le gorille pour la dernière fois. À l'aide d'un dispositif de suivi oculaire, les chercheurs ont mesuré l'endroit où les singes installés en observation derrière la fenêtre regardaient lorsque l'homme revenait par la porte avec le bâton. Et en effet, la plupart des regards des grands singes étaient dirigés vers la botte de foin où le gorille s'était caché (et non vers l'endroit où le gorille s'était réfugié), probablement parce qu'ils savaient

1. Christopher Krupenye *et al.*, « Great apes anticipate that other individuals will act according to false beliefs », *Science*, 354(6308), 2016, p. 110-114.

que l'humain – tout à sa fausse croyance quant à l'endroit où se trouvait le gorille – irait voir là. Voilà une preuve sérieuse pour étayer l'affirmation selon laquelle les grands singes ont une théorie de l'esprit : ceux de l'expérience avaient fait des suppositions éclairées quant à ce que l'homme brandissant le bâton avait cru être vrai.

Rares sont les animaux capables de comprendre que les autres peuvent avoir de fausses croyances pouvant dicter leur comportement ; c'est sans doute le privilège des seuls grands singes, auxquels il faut éventuellement ajouter certains corvidés (par exemple, les corbeaux, les corneilles, les geais des chênes). Pourtant, cette aptitude à se représenter que l'autre pourrait avoir de fausses croyances est l'élément clé du processus au terme duquel les humains sont devenus les menteurs prolifiques que nous sommes. Le fait que la plupart des animaux ne semblent pas posséder cette compétence – à quelques exceptions près – suggère que les humains ont une capacité vraiment unique pour prédire et manipuler l'esprit d'autrui. La plupart des animaux anticipent les actions de leurs congénères non pas par le biais de la théorie de l'esprit, mais grâce à des indices visuels. Par exemple, lorsque vous voyez un chien montrer les crocs, vous pouvez prédire qu'il va mordre. Il s'agit d'une simple association apprise entre le signal de communication que constitue le fait de montrer les crocs et le comportement qui est le plus susceptible de s'ensuivre (c'est-à-dire mordre). Vous n'avez pas besoin de deviner que le chien est *en colère*, qu'il *veut* vous mordre ou qu'il *croit* que vous êtes une menace. C'est ce qu'on appelle la *lecture comportementale*, par opposition à la *lecture mentale*. Nous pouvons interpréter en termes de tentative de manipuler le comportement de la cible visée tous les cas de tromperie que nous avons rencontrés jusqu'à présent chez les animaux non humains ; il ne s'agit jamais de manipuler son esprit. Observez donc les animaux de votre entourage et demandez-vous s'ils interagissent avec vous parce qu'ils devinent ce que vous pensez, croyez ou ressentez, ou s'ils réagissent simplement à votre comportement extérieur. Il peut être difficile de faire la différence, et c'est précisément la raison pour laquelle, après quatre décennies d'expérimentations, les scientifiques ne sont toujours pas sûrs de l'existence d'une théorie de l'esprit chez les animaux non humains.

En revanche, lorsque l'on observe le comportement humain, il ne fait aucun doute que la théorie de l'esprit fait partie intégrante de la panoplie des signaux de communication que nous utilisons. Prenez quelques minutes pour regarder un film muet de Charlie Chaplin, et vous verrez des tonnes de preuves de l'opération de la théorie de l'esprit (et du mensonge), preuves qui n'ont pas pu être observées chez les animaux non humains. Charlot pointe par exemple son doigt vers le lointain pour distraire un rival et lui voler son pain. Cet acte de tromperie, apparemment simple, n'est possible que si Charlot sait qu'il peut faire *croire* à son rival qu'il y a quelque chose qui vaut plus la peine d'être regardé que le pain qu'il tient. Les films de Charlie Chaplin sont ainsi construits sur des successions ininterrompues de moments de théorie de l'esprit en action, et nous, le public, les apprécions parce que nous pouvons deviner ce qui lui traverse l'esprit : ce qu'il veut, ce qu'il croit et pourquoi il fait ce qu'il fait. Et tout cela sans prononcer un seul mot.

D'ailleurs, si l'on ajoute des mots, la capacité humaine à mentir atteint des sommets. C'est lorsque la théorie de l'esprit fonctionne de conserve avec le langage que des menteurs consommés comme le faux vétérinaire Russell Oakes commencent à pointer le bout de leur nez. Le langage est le véhicule parfait de la tromperie. En fait, certains biologistes évolutionnistes pensent même qu'il pourrait avoir surgi, au cours de l'évolution, spécialement pour nous aider à tromper[1]. Quoi qu'il en soit de la manière dont le langage et la théorie de l'esprit sont apparus et de la raison pour laquelle l'évolution les a sélectionnés, ils sont les principaux outils de notre espèce, utilisés sans trêve ni repos quand il s'agit de se tromper les uns les autres. Comme nous le verrons dans la section suivante, notre capacité et notre propension à mentir sont au fondement de la condition humaine. Mais il en va de même de la propension de notre espèce à supposer que les autres nous disent la vérité. C'est ce curieux décalage qui crée d'énormes problèmes sociétaux. Des problèmes qui, comme nous le verrons, pourraient conduire à l'extinction de notre espèce.

Trompé

Leo Koretz était un avocat de Chicago qui avait le don de réaliser d'énormes profits sur des opérations d'investissement immobilier[2]. En 1917, Koretz gérait le Bayano River Syndicate, un trust qui possédait cinq millions d'hectares dans la jungle du Panama et qui exportait d'énormes

1. Nathan Oesch, « Deception as a derived function of language », *Frontiers in Psychology*, 7, 2016.
2. L'histoire de Leo Koretz que je relate ici est développée dans l'ouvrage merveilleusement documenté *Empire of Deception*, de Dean Jobb (Toronto, Harper Avenue, 2015).

quantités d'acajou et des millions de barils de pétrole par an. Les investisseurs s'arrachaient les actions de Bayano, dont les rendements annuels avoisinaient les 60 %.

Soixante pour cent sur un investissement, voilà un rendement absolument stupéfiant, et de nombreux investisseurs d'aujourd'hui seraient sceptiques à l'égard d'un gestionnaire de fonds promettant une telle performance – les investisseurs des années 1920 auraient d'ailleurs dû l'être tout autant. D'autant plus qu'à la même époque opérait aussi Charles Ponzi, qui défrayait la chronique. Ponzi avait escroqué des millions de dollars à des investisseurs en leur promettant des rendements du même genre. La pyramide de Ponzi est une escroquerie d'une élégante simplicité : les investisseurs sont rémunérés sur leurs investissements au moyen de l'argent provenant de nouveaux investisseurs. Il faut un flux constant de nouveaux investisseurs, sinon il n'y a pas d'argent pour payer les intérêts qu'attendent les investisseurs existants. Mais, contrairement à Ponzi, qui avait la réputation de solliciter autant d'investissements que possible de la part d'un maximum de personnes pour maintenir son système, Koretz était connu pour refuser des gens. Il avait la célèbre habitude de rendre leurs chèques aux investisseurs potentiels qui ne répondaient pas à ses critères. Mais les quelques investisseurs à qui il en donnait la possibilité investissaient souvent d'énormes sommes d'argent et en tiraient un bénéfice significatif. Ils appelaient Koretz « notre Ponzi », plaisanterie par laquelle ils se gaussaient de l'idée absurde que Koretz pût être un escroc. Contrairement aux victimes de Ponzi, les clients de Koretz investissaient dans quelque chose de tangible, comme des pipelines et des pétroliers au

Panama. Ils avaient vu les plans des oléoducs et les contrats d'achat des pétroliers. Dans leur esprit, Koretz, c'était du solide.

Cependant, un groupe d'investisseurs de Bayano, désireux de voir leurs actifs de leurs propres yeux, embarqua en novembre 1923 sur un bateau à vapeur à destination du Panama. Ils étaient impatients d'échapper au froid de l'hiver de Chicago, et encore plus impatients de voir les champs de pétrole panaméens qui étaient devenus la source de leur nouvelle richesse. Après avoir passé quelques jours à Panama City à la recherche des bureaux du Bayano River Syndicate, les investisseurs commencèrent à se poser des questions : personne parmi leurs nombreux contacts sur place n'avait jamais entendu parler de Bayano ni de Leo Koretz. Ils finirent par tomber sur un compatriote de Chicago – C. L. Peck, qui travaillait pour une autre société d'investissement propriétaire de terrains dans la région. Les investisseurs montrèrent à Peck une carte que Koretz leur avait fournie et qui indiquait l'emplacement des terres que Bayano était censé posséder au Panama. « Messieurs, dit Peck, je suis d'avis que vous vous êtes fait avoir. » La société de Peck possédait la majeure partie des terres en question. Le jeu était terminé.

Il s'est avéré également que le Bayano River Syndicate ne détenait aucun immeuble de placement d'aucune sorte. Koretz avait menti sur toute la ligne. Il avait simplement mis en place un système de Ponzi, mais il avait été encore meilleur que Ponzi, puisqu'il avait soutiré 30 millions de dollars à ses investisseurs, contre 20 millions de dollars pour Ponzi. Malgré tous les signaux d'alerte que ses investisseurs avaient en réalité remarqués et dont ils s'étaient parfois moqués, ils s'étaient quand même laissés berner. Comment est-ce possible ?

« Nous sommes pré-câblés pour nous faire avoir », affirme Timothy R. Levine dans son livre *Duped. Truth-Default Theory and the Social Science of Lying and Deception.* Ce professeur émérite et titulaire de la chaire d'études en communication de l'université d'Alabama à Birmingham a consacré sa carrière à étudier le mensonge humain, grâce à des financements du FBI et de la NSA. Ses travaux de recherches soulignent le fait que, malgré notre capacité et notre propension évidentes à mentir, notre espèce va avoir tendance à croire les choses qu'on lui présente pour vraies. Levine appelle cette sorte de paramètre par défaut la « théorie de la vérité par défaut » *(truth-default theory*, ou *TDT).* « La TDT fait que le contenu de la communication entrante est généralement accepté comme vrai sans esprit critique, et la plupart du temps, c'est une bonne chose pour nous, affirme-t-il. La tendance à croire les autres est un produit adaptatif de l'évolution humaine qui permet une communication efficace et une meilleure coordination sociale[1]. »

En tant qu'espèce, les humains sont à la fois crédules et menteurs. C'est cette combinaison de traits – cette étrange inadéquation entre la capacité humaine à mentir et cette difficulté à reconnaître les mensonges – qui fait de nous un danger pour nous-mêmes.

1. Timothy R. Levine, *Duped. Truth-Default Theory and the Social Science of Lying and Deception*, Tuscaloosa, University of Alabama Press, 2019.

Menteurs-nés

Pour ce qui est de sa capacité de tromperie, l'homme n'est pas un animal comme les autres. Parce que nous sommes des spécialistes du pourquoi, notre esprit déborde d'idées – de faits morts – sur le fonctionnement du monde, et nous avons ainsi à notre disposition un nombre infini de sujets sur lesquels nous pouvons éventuellement mentir. Nous comptons également sur un moyen de communication – le langage – qui nous permet de transformer ces faits morts en mots, qui se glissent aisément dans l'esprit d'autrui. Qui plus est, nous avons la capacité de comprendre que les autres ont un esprit ; un esprit qui a des croyances sur la façon dont le monde est (c'est-à-dire sur ce qui est vrai) et qui peut donc être trompé et croire à de fausses informations. Comme le souligne Levine, notre niveau de compétences pour repérer les fausses informations est particulièrement bas. La somme de tous ces paramètres fait que, comme nous le verrons dans cette section, être un artiste du mensonge dans un monde rempli de victimes crédules peut nous paver la voie vers une réussite telle que celle que Russell Oakes a connue.

Selon une idée reçue, les humains débitent en moyenne un ou deux mensonges verbaux par jour[1]. Il s'agit toutefois d'une moyenne estimée pour l'ensemble de la population. Tandis que six personnes sur dix affirment

1. Kim B. Serota, Timothy R. Levine, et Franklin J. Boster, « The prevalence of lying in America : Three studies of self-reported lies », *Human Communication Research*, 36(1), 2010, p. 2-25.

ne pas mentir du tout (ce qui est probablement un mensonge), la plupart des mensonges sortent de la bouche d'un petit sous-ensemble de menteurs pathologiques qui disent – en moyenne – dix mensonges par jour[1]. Nous mentons moins avec l'âge, ce qui est peut-être moins lié à la maturation de notre sens moral qu'au déclin cognitif qui compromet la gymnastique mentale indispensable pour garder en mémoire les absurdités que nous élaborons[2]. La production de mensonges exige une réflexion plus intense et une concentration sur la durée. C'est pourquoi les téléfilms montrent cette scène typique d'un détective en train de matraquer des suspects de questions rapides jusqu'à ce qu'ils lâchent la vérité par inadvertance, faute de réussir à réfléchir assez vite[3]. Cette même raison rend compte de l'expression *In vino veritas* (Dans le vin est la vérité) : c'est l'idée que la consommation d'alcool fonctionne un peu comme un sérum de vérité, les gens étant davantage susceptibles de révéler leurs vrais sentiments (et d'arrêter de mentir) lorsque le bon fonctionnement de leur pensée a été compromis.

Dès qu'un enfant est en âge de parler (et que la théorie de l'esprit fait son apparition), les mensonges

1. Drew A. Curtis et Christian L. Hart, « Pathological lying : Theoretical and empirical support for a diagnostic entity », *Psychiatric Research and Clinical Practice*, 2,2, 2020, appi-prcp.
2. Laura E. Paige, Eric C. Fields et Angela Gutchess, « Influence of age on the effects of lying on memory », *Brain and Cognition*, 133, 2019, p. 42-53.
3. Il s'agit d'une méthode réelle d'interrogatoire de témoin. Voir Jeffrey J. Walczyk, Frank Igou, Alexa P. Dixon et Talar Tcholakian, « Advancing lie detection by inducing cognitive load on liars : A review of relevant theories and techniques guided by lessons from polygraph-based approaches », *Frontiers in Psychology*, 4(14), 2013.

commencent – généralement entre deux et quatre ans[1]. Si vous demandez à un enfant de ne pas jeter un coup d'œil dans une boîte après lui avoir dit qu'il y a un jouet amusant à l'intérieur et que vous quittez ensuite la pièce, presque tous les enfants, et quelle que soit leur origine sociale ou culturelle, non seulement regarderont à l'intérieur de la boîte, mais mentiront ensuite sur le fait qu'ils l'ont fait[2]. Comme le révèlent d'innombrables études, le mensonge des tout-petits est un phénomène universel chez l'homme. Quand arrive la puberté, les mensonges se poursuivent. Une étude américaine a révélé que 82 % des adolescents avaient menti à leurs parents au sujet de leurs amis, de l'alcool/des drogues, des fêtes, de l'argent, des rencontres ou du sexe au cours de l'année écoulée[3]. Après que l'adolescent a quitté le nid familial, le comportement mensonger s'adresse désormais aux partenaires amoureux, et 92 % des étudiants admettent avoir menti à leur partenaire au sujet de leur passé sexuel[4]. Le mensonge est ainsi courant parce qu'il fonctionne : la plupart des gens ayant tendance à croire aux mensonges, mentir est un moyen très efficace d'avancer dans ce monde.

---

1. Michael Chandler, Anna S. Fritz et Suzanne Hala, « Small-scale deceit : Deception as a marker of two-, three-, and four-year-olds' early theories of mind », *Child Development*, 60(6), 1989, p. 1263-1277.
2. Victoria Talwar et Kang Lee, « Social and cognitive correlates of children's lying behavior », *Child Development*, 79(4), 2008, p. 866-881.
3. Lene Arnett Jensen, Jeffrey Jensen Arnett, S. Shirley Feldman et Elizabeth Cauffman, « The right to do wrong : Lying to parents among adolescents and emerging adults », *Journal of Youth and Adolescence*, 33(2), 2004, p. 101-112.
4. David Knox, Caroline Schacht, Judy Holt et Jack Turner, « Sexual lies among university students », *College Student Journal*, 27(2), 1993, p. 269-272.

Un moyen encore plus efficace d'avancer est de porter le mensonge à un niveau supérieur : on parle alors de *bullshitting* – art de dire des conneries. Le terme « *bullshitting* » (baratin) est un terme scientifique légitime[1]. Il a été popularisé par le philosophe Harry Frankfurt dans son livre *On Bullshit* (2005) et est aujourd'hui utilisé dans la littérature scientifique pour décrire la communication destinée à épater la galerie sans se soucier de justifier ses dires ou revendiquer la vérité[2]. Le *bullshitting* est tout autre chose que le mensonge, qui consiste à créer sciemment de fausses informations dans le but de manipuler le comportement d'autrui. Le baratineur, pour sa part, ne sait pas et ne se soucie pas de savoir si ce qu'il dit est exact. Il se préoccupe davantage de ce que Stephen Colbert appelle la « véritude » *(truthiness)* : la qualité de ce qui semble vrai ou est ressenti comme tel, sans l'être nécessairement[3].

Le baratinage a toutes les apparences d'un comportement négatif capable d'enrayer les rouages du monde

1. *N.d.T.* : le terme et ses dérivés seront traduits ici, selon les occurrences, par « baratin » et ses dérivés, ou « dire des conneries » et ses variations, selon la traduction en français de *On Bullshit* par Didier Sénécal, *De l'art de dire des conneries*, Paris, 10-18, 2006.

2. Voir les définitions dans John V. Petrocelli, « Antecedents of bullshitting », *Journal of Experimental Social Psychology*, 76, 2018, p. 249-258. Et Martin Harry Turpin *et al.*, « Bullshit Ability as an Honest Signal of Intelligence », *Evolutionary Psychology*, 19(2), 2021, 14747049211000317.

3. *Truthiness* a fait son entrée dans le monde en 2005, par le truchement de Stephen Colbert, dans l'émission *The Colbert Report*, et a ensuite été présenté comme le mot de l'année par le dictionnaire Merriam-Webster en 2006. La définition fournie ici est tirée des dictionnaires d'Oxford. *N.d.T.* : pour la traduction en français par « véritude », voir Louis Andrieu, « L'irrévérence de la comédie américaine », *Esprit*, n° 10, 2015, p. 131-134.

social humain et de semer confusion et chaos. Pourtant, certaines données suggèrent que ce pourrait être une compétence sélectionnée par l'évolution. La capacité à dire des conneries pourrait bien être un signal, pour les autres, que le baratineur est en fait un individu intelligent. Une étude récente publiée dans la revue *Evolutionary Psychology* a révélé que les participants les plus doués pour inventer des explications plausibles (mais fausses) de concepts qu'ils ne comprenaient pas (un peu comme au jeu de « bluffing » nord-américain *Balderdash*) obtenaient également les meilleurs résultats aux tests de capacités cognitives. Entre être un bon diseur de conneries et être intelligent, il y aurait donc corrélation. Les auteurs en concluent que « la capacité à produire un baratin convaincant peut aider les individus à naviguer dans les systèmes sociaux, à la fois comme stratégie énergétiquement efficace pour épater les autres et comme signal fiable de son intelligence[1] ». En d'autres termes, le baratineur a un avantage supplémentaire sur le non-baratineur : il ne perd pas de temps à s'inquiéter de la vérité ; il peut concentrer toute son énergie sur l'objectif d'être cru plutôt que sur le fait d'être exact.

Le psychologue Klaus Templer a voulu savoir pourquoi les personnes toxiques et malhonnêtes (c'est-à-dire les baratineurs) réussissent à s'imposer dans le monde de l'entreprise et de la politique apparemment mieux que les personnes honnêtes et de bonne volonté. On pourrait penser que les baratineurs sont punis ou mis au ban de la société. Or, c'est tout le contraire qui semble se produire.

---

1. Martin Harry Turpin *et al.*, « Bullshit ability as an honest signal of intelligence », *Evolutionary Psychology*, 19(2), 2021, 14747049211000317.

Templer a demandé à cent dix employés de plusieurs grandes entreprises de bien vouloir évaluer leurs propres compétences politiques, telles que la capacité à nouer des contacts et à influencer les autres[1], puis il a posé la même question aux patrons de ces employés. Templer a également soumis les employés à un test de personnalité pour mesurer leurs niveaux d'honnêteté et d'humilité. Or, et ce n'est peut-être pas une surprise, force est de constater que les employés dont les niveaux d'honnêteté et d'humilité étaient les plus faibles (c'est-à-dire ceux qui étaient les plus susceptibles d'être des menteurs éhontés et des artistes du baratin) se considéraient également comme politiquement compétents. D'autres étaient du même avis. Les patrons ont estimé que leurs employés les moins honnêtes étaient les plus compétents sur le plan politique. Mais, surtout, ils les ont également jugés plus compétents que leurs collègues honnêtes et humbles. Il en résulte que les plus grands baratineurs parmi nous sont susceptibles de passer pour avoir les plus hautes compétences et sont donc aussi plus susceptibles de recevoir des promotions ou d'être élus à des postes de pouvoir. Bien sûr, nous ne les aimons pas forcément, et ce sont peut-être des gens objectivement horribles, mais nous respectons leur perspicacité politique et sociale. « Il convient également de se rappeler que ces personnalités difficiles peuvent parfois être utiles, a écrit M. Templer dans la *Harvard Business Review*. Les bons managers savent comment utiliser ce type de personnes

1. Klaus J. Templer, « Dark personality, job performance ratings, and the role of political skill : An indication of why toxic people may get ahead at work », *Personality and Individual Differences*, 124, 2018, p. 209-214.

tout en limitant les dommages qu'elles causent aux autres employés[1]. »

Les mensonges, les menteurs et le baratinage peuvent être bons pour les affaires, semble-t-il. Mais aussi pour la nation. Quelle grande superpuissance ne dispose pas d'un organe politique chargé de produire et de diffuser de la propagande ? L'Internet Research Agency est une entreprise russe qui se consacre depuis 2013 à semer la désinformation en ligne[2]. Elle emploie plus d'un millier de personnes pour créer de faux contenus sur les médias sociaux afin de soutenir les intérêts des entreprises et du gouvernement russes. Leur méthode préférée est ce que les politologues Nancy L. Rosenblum et Russell Muirhead appellent la « lance à incendie de mensonges » : répéter des informations contradictoires aussi souvent que possible par l'intermédiaire d'autant de médias sociaux différents que possible pour créer une impression de discorde[3]. L'Agence a été inculpée par le gouvernement américain pour avoir interféré dans l'élection présidentielle de 2016 aux États-Unis en « semant la méfiance à l'égard des candidats et du système politique en général[4] », comme le dit si bien l'acte d'accusation. Ce qui, si l'on en croit

1. Klaus J. Templer, « Why do toxic people get promoted ? For the same reason humble people do : Political skill », *Harvard Business Review*, 10, 2018.

2. cnn.com/2017/10/17/politics/russian-oligarch-putin-chef-troll-factory/index.html.

3. Nancy L. Rosenblum et Russell Muirhead, *A Lot of People Are Saying. The New Conspiracism and The Assault on Democracy*, Princeton, Princeton University Press, 2020.

4. Department of Justice (2018). Le Grand Jury inculpe treize individus russes et trois entreprises russes pour complot d'ingérence dans le système politique américain.

la prise d'assaut du Capitole le 6 janvier 2021, semble avoir plutôt bien fonctionné. Les scientifiques avaient déjà constaté l'efficacité de l'Agence à fomenter la méfiance à l'égard du système de santé américain grâce à une campagne soutenue dont l'objectif était d'alimenter le débat anti-vaccination qui a débuté en 2013[1]. Cette stratégie semble là encore avoir fonctionné. Selon un sondage Gallup réalisé en 2020, seuls 84 % des Américains estiment qu'il est important de faire vacciner leurs enfants, alors qu'ils étaient 94 % en 2001[2].

Ce mensonge à jet continu est classique du baratin en action. Il est peu probable que les hackers travaillant à l'Internet Research Agency connaissent intimement les tenants et les aboutissants de la science des vaccins, ou le mode de fonctionnement précis du système électoral américain. Mais ils n'en ont pas besoin. Leur objectif est de répandre en ligne des foutaises – des informations destinées à provoquer la confusion dans l'esprit des Américains. Ils ne s'intéressent nullement à ce qui est vrai ou exact, mais visent seulement à semer la discorde au sein des États-Unis et à faire ainsi paraître, par contraste, l'État russe plus compétent et plus attrayant.

Carl T. Bergstrom et Jevin D. West, respectivement biologiste évolutionniste et spécialiste des sciences de l'information, donnent un cours à l'université de Washington intitulé *Calling Bullshit* dont ils ont tiré un livre qui porte le même titre. Bien qu'une certaine légèreté enjouée

1. David A. Broniatowski *et al.*, « Weaponized health communication : Twitter bots and Russian trolls amplify the vaccine debate », *American Journal of Public Health*, 108(10), 2018, p. 1378-1384.

2. R. Reinhart, « Fewer in US continue to see vaccines as important », *Gallup*, 14 janvier 2020.

caractérise le cours et le livre, qui affichent pour objectif de « fournir à votre tante adepte des cristaux et de l'homéopathie ou à votre oncle raciste une explication accessible et convaincante des raisons pour lesquelles une affirmation est un pur baratin[1] », ils ne mâchent pas leurs mots sur la grave menace que la prolifération des conneries à l'ère de l'Internet fait peser sur la civilisation humaine. Ils écrivent que « la détection adéquate des baratinages est essentielle à la survie de la démocratie libérale. La démocratie s'est toujours appuyée sur un électorat doté d'un esprit critique, mais cela n'a jamais été aussi important qu'à l'ère actuelle des *fake news* et de l'ingérence internationale dans le processus électoral par le biais de la diffusion de propagande sur les médias sociaux[2] ».

Cela fait près de dix ans que la Finlande se penche sur le problème. Après avoir été bombardé de fausses nouvelles en provenance de Russie, le pays a adapté son programme éducatif en 2014 pour apprendre aux élèves à identifier les mensonges dans les médias. « L'objectif est de former des citoyens et des électeurs actifs et responsables[3] », a déclaré Kari Kivinen au *Guardian*. Kivinen est le directeur de l'école franco-finlandaise d'Helsinki et l'ancien secrétaire général du système des écoles européennes. « L'esprit critique, la vérification des faits, l'interprétation et l'évaluation de toutes les informations que

---

1. callingbullshit.org/syllabus.html.
2. Carl T. Bergstrom et Jevin D. West, *Calling Bullshit. The Art of Skepticism in a Data-Driven World*, New York, Random House, 2020.
3. Jon Henley (29 janvier 2020). « How Finland starts its fight against fake news in primary schools », *The Guardian*. theguardian.com/world/2020/jan/28/fact-from-fiction-finlands-new-lessons-in-combating-fake-news.

l'on reçoit, quelle que soit leur source d'émission, sont essentiels. Nous les avons mis au cœur de notre enseignement, dans toutes les matières. »

Et ça marche. L'indice d'éducation aux médias 2019 – qui mesure la sensibilité d'un pays aux *fake news* – a placé la Finlande en tête, avec une large marge[1]. La leçon à en tirer est que, si une personne – ou un pays – veut progresser en matière de reconnaissance de la connerie, il lui faut faire un effort concerté et prolongé. Mais en tout cas, c'est possible, même dans un monde où l'on se noie dans la connerie[2].

Notre capacité à mentir est-elle un handicap ou un atout ?

De nombreux animaux savent tromper, comme les pluviers siffleurs ou les poulets feignant d'être morts. Certains animaux peuvent même se livrer à une tromperie tactique, comme les seiches, qui tentent de s'accoupler subrepticement. Mais même la capacité de tromperie de nos plus proches parents primates n'est pas comparable à notre propre aptitude à mentir et à raconter des conneries, que nous devons à nos talents uniques

1. Marin Lessenski, « Just think about it. Findings of the Media Literacy Index 2019 », Open Society Institute Sophia, 2019. osis.bg/?p=3356et lang=en.
2. Pour des méthodes pratiques sur la détection des conneries, consultez le chapitre de Carl Sagan, « The Fine Art of Baloney Detection », dans son livre de 1995, *The Demon-Haunted World*, et dans l'ouvrage du spécialiste de psychologie sociale John Petrocelli, *The Life-Changing Science of Detecting Bullshit*.

en matière de langage, de théorie de l'esprit et de spécialisation du pourquoi.

Que faut-il en penser ? Dans une certaine mesure, notre malhonnêteté potentielle exige, pour se déployer, une convergence de forces que seul peut mettre en œuvre un esprit exceptionnel. L'aptitude à raconter des conneries est le propre de l'homme, et nous avons vu que le fait d'être un bon menteur – ou un baratineur prolifique – peut avoir un lien direct avec la réussite sociale (et financière) au sein de notre espèce.

Mais, dans une perspective plus large, la capacité humaine à mentir – et à baratiner en particulier – présente un revers sombre qui pourrait bien l'emporter sur le côté positif. La diffusion d'informations douteuses, déroutantes ou fausses par le biais de mensonges et de foutaises parrainés par l'État a tué des millions de personnes. De la propagande nazie antijuive qui proliférait à l'époque de Nietzsche à l'Agence Russe de Recherche sur Internet qui diffuse actuellement des messages antivaccins, ce sont des vies qui sont perdues lorsque la tromperie se propage.

Nous aspirons à un monde dans lequel le baratin serait réduit au minimum et dans lequel nos sociétés et nos décideurs agiraient sur le fondement de la même réalité à propos de ce qui est vrai et ce qui ne l'est pas.

La Finlande a fait un travail formidable en éduquant ses enfants à désirer et à créer un tel monde. Carl Sagan consacre le chapitre « The Fine Art of Baloney Detection » de son livre de 1995 *The Demon-Haunted World (Le Monde hanté par les démons)* à une description élégante de ses propres techniques pour détecter et éliminer les conneries. John Petrocelli, un spécialiste de psychologie sociale, a récemment publié un livre *(The Life-Changing Science of Detecting Bullshit)* qui tourne entièrement autour des moyens à mettre en œuvre pour identifier le baratin propre à notre modernité – et lutter contre lui. Les outils permettant de repérer et d'éradiquer les conneries sont à portée de main, et ce depuis longtemps. Le problème actuel est que la plupart des gens ne semblent pas du tout intéressés par l'acquisition de ces outils.

La raison en est simple : les humains ont été conçus pour être des menteurs, c'est un fait de l'évolution. Des menteurs qui, étrangement, sont vulnérables aux mensonges. Il s'agit d'un problème propre à notre espèce. Ce n'est pas notre capacité à tromper qui fait de nous une espèce exceptionnelle ; comme nous l'avons vu, d'autres espèces – des insectes aux seiches – peuvent produire des signaux de communication contenant de fausses informations. Certaines d'entre elles trompent même intentionnellement. Mais notre espèce a fait de l'intention de tromper – de mentir en manipulant les croyances d'autrui – un des fils de trame de notre cognition sociale. Au mieux, nous pouvons éduquer nos enfants à être sensibles à la prolifération des fausses informations et à vouloir réduire les dommages qu'elles causent. Mais nous ne pouvons pas plus supprimer la capacité humaine à produire et à croire des mensonges que notre capacité à marcher debout. C'est ce que nous sommes.

Imaginer un monde où les humains ont éliminé les conneries et le mensonge toxique, c'est entrer dans la science-fiction. Tant que notre espèce disposera d'une théorie de l'esprit, d'un langage et des compétences du spécialiste du pourquoi, nous serons une espèce qui ment, raconte des conneries et castre des poneys sous de fausses compétences. Telles sont les conséquences inévitables de nos aptitudes cognitives. Le recours à la pensée scientifique peut nous aider à minimiser les dégâts, mais même ceux d'entre nous qui sont immergés dans la science resteront humains, et donc enclins à baratiner.

Les animaux vivent dans un monde où la tromperie n'existe que comme un petit sous-ensemble de leur système de communication. Ils sont arrivés à un point d'équilibre où l'honnêteté est la norme. Et, lorsque les animaux mentent, les conséquences sont plus charmantes que catastrophiques, comme les ébats des seiches, les poules tétanisées ou les boiteries des pluviers. Les humains, en revanche, sont configurés pour à la fois tromper et être trompés. Cette combinaison toxique nous entraîne actuellement sur une voie très sombre. Des pays comme la Finlande sont activement engagés dans une correction de trajectoire à l'échelle nationale. Les animaux, quant à eux, n'ont pas besoin d'un changement de cap ; la sélection naturelle a déjà généré des systèmes de communication qui minimisent la présence du baratinage. C'est à nous, humains, de trouver de nouvelles solutions pour venir à bout des problèmes autodestructeurs suscités par notre capacité à mentir et notre propension à croire. La question est la suivante : pouvons-nous nous sauver de nous-mêmes avant que la lance à incendie de mensonges n'efface notre espèce de cette planète ?

3

SAGESSE DE LA MORT

L'inconvénient de connaître l'avenir

> « Comme il est étrange que cette seule certitude, cette seule communion soit presque impuissante à agir sur les hommes et qu'ils soient si loin de sentir cette fraternité de la mort[1] ! »
>
> Nietzsche

Tahlequah avait vingt ans lorsqu'elle a donné naissance à sa fille, le 24 juillet 2018. Né à terme, le bébé décéda pourtant peu après sa naissance. Dans des circonstances normales, un expert serait aussitôt venu pour déterminer la cause du décès. Mais les circonstances étaient tout sauf normales.

Immédiatement après la mort du bébé, le comportement qu'adopta sa mère prit tout le monde de court. Elle se mit à porter son enfant mort avec elle partout où elle allait, et ce que les témoins ont appelé une *tournée de deuil* dura des semaines[2]. Pendant cette période, elle

1. Friedrich Wilhelm Nietzsche, *Le Gai Savoir (« La gaya scienza »)*, traduction par Henri Albert, in *Œuvres complètes de Frédéric Nietzsche*, vol. 8, Paris, Société du Mercure de France, 1901, livre quatrième, § 278.
2. Avi Selk, « Update : Orca abandons body of her dead calf after a heartbreaking, weeks-long journey », *The Washington Post*, 12 août 2018.

mangeait rarement. Lorsqu'elle dormait, les membres de sa famille se relayaient pour porter eux-mêmes le petit. « Nous savons que sa famille partage la responsabilité [...], qu'elle n'est pas toujours celle qui porte, qu'ils semblent se relayer », déclara Jenny Atkinson, qui avait assisté à l'ensemble du processus[1].

Les médias internationaux se rendirent à Seattle, dans l'État de Washington, pour témoigner de la douleur de Tahlequah. Des manifestations de sympathie affluèrent du monde entier. Des poèmes furent consacrés à cette pathétique histoire. Des gens postèrent sur Twitter des dessins de la mère portant son bébé. Le *New York Times* publia un article d'opinion de Susan Casey, où l'autrice s'employait à définir la meilleure façon de traiter la douleur collective que le public, en regardant cette mère pleurer, avait éprouvée.

Le 12 août 2018, après dix-sept jours, Tahlequah laissa finalement partir son nourrisson, dont le corps coula au fond de l'océan Pacifique. Quelques jours plus tard, les scientifiques du Centre de recherche sur les baleines (Center for Whale Research) de Friday Harbor, dans l'État de Washington, confirmèrent que Tahlequah était passée à autre chose : elle avait été vue chassant le saumon au large des îles San Juan. Elle était redevenue comme avant.

Pour ceux à qui cela aurait encore échappé, Tahlequah n'est pas un être humain. C'est une orque – plus connue

---

washingtonpost.com/news/animalia/wp/2018/08/10/the-stunning-devastating-weeks-long-journey-of-an-orca-and-her-dead-calf/.

1. « Orcas now taking turns floating dead calf in apparent mourning ritual », *CBC Radio*, 31 juillet 2018. cbc.ca/radio/asithappens/as-it-happens-tuesday-edition-1.4768344/orcas-now-appear-to-be-taking-turns-floating-dead-calf-in-apparent-mourning-ritual-1.4768349.

sous le nom de « baleine tueuse », la plus grande espèce des delphinidés. Jenny Atkinson est un témoin privilégié, car c'est en sa qualité de directrice du musée de la Baleine de Washington qu'elle a suivi de près cet événement sans précédent. De nombreux articles scientifiques publiés par des revues avec comité de lecture donnent des exemples de ce comportement chez les dauphins : les mères portent les cadavres de leurs nourrissons sur leur rostre (bec), les poussant constamment vers la surface. C'est ainsi que les dauphins s'occupent des membres de leur famille malades ou souffrants : ils les maintiennent près de la surface pour les aider à respirer. Cependant, le portage des baleineaux morts ne dure généralement que quelques heures. C'est ce qui rend la veille de Tahlequah, qui a duré dix-sept jours, si unique. Ces dix-sept jours ont été si longs que sa propre santé en a été affectée. Après avoir passé des semaines sans manger, concentrée sur cette tâche qu'elle s'était donnée de pousser son baleineau à travers les flots, elle a visiblement maigri. Même les scientifiques formés à l'observation impartiale du comportement des animaux étaient visiblement ébranlés. « Je sanglote, a déclaré Deborah Giles, chercheuse au Centre de biologie de la conservation de l'université de Washington. Je n'arrive pas à croire qu'elle continue à porter son petit[1]. »

Sous la plume de nombreux journalistes, le comportement de Tahlequah a été élevé au rang de *deuil* : ils l'ont présenté comme un exemple indiscutable de

1. Lynda V. Mapes, « "I am sobbing" : Mother orca still carrying her dead calf – 16 days later », *The Seattle Times*, 8 août 2018. seattletimes.com/seattlenews/environment/i-am-sobbing-mother-orca-still-carrying-her-dead-calf-16-days-later/.

chagrin animal. Les articles étaient émaillés de mots tels que « veillée » et « funérailles », soit des concepts étroitement liés à une compréhension de la mort – et à une réaction à celle-ci – dont nous faisons généralement l'apanage des humains, excluant les animaux. Certains spécialistes du comportement animal ont toutefois fait valoir que c'était pur anthropomorphisme que de voir, dans le fait de porter son petit mort, une conséquence du chagrin, en attribuant à tort aux animaux des émotions et des facultés cognitives semblables à celles des humains. « Accorder à d'autres animaux les mêmes émotions, si librement, sans aucune rigueur scientifique, revient à diluer une émotion humaine réelle, puissante et observable », a déclaré le zoologiste Jules Howard dans *The Guardian*[1].

Je ne souhaite quant à moi pas noyer ce chapitre dans un vain débat sur les pièges de l'anthropomorphisme. Mon projet est plutôt d'aborder le problème spécifique de la signification de la mort pour les animaux non humains. Parce que la mort signifie *quelque chose* pour eux. Elle a signifié quelque chose pour Tahlequah. Quelque chose, oui, mais quoi ? C'est à cette question que ce chapitre est consacré. Et, à la fin du chapitre, même si nous posons comme assuré que les humains comprennent la signification de la mort à un niveau plus profond que Tahlequah ou d'autres animaux – à un niveau si profond qu'il conviendrait de réserver des mots comme *chagrin* et *deuil* à notre seule espèce –,

1. Jules Howard, « The "grieving" orca mother ? Projecting emotions on animals is a sad mistake », *The Guardian*, 14 août 2018. theguardian.com/commentisfree/2018/aug/14/grieving-orca-mother-emotions-animals-mistake.

nous restons confrontés à une question plus importante : l'homme est-il mieux loti que les autres espèces en raison de sa compréhension de la mort ?

SAGESSE DE LA MORT

Que savent les animaux de la mort ? Darwin lui-même s'est interrogé à ce sujet en posant la question suivante dans *La Descendance de l'homme* : « Qui peut dire ce que ressentent les vaches lorsqu'elles entourent et fixent du regard une de leurs camarades morte ou mourante[1] ? » Près de cent cinquante ans plus tard, l'anthropologue Barbara J. King a publié un ouvrage intitulé *Le Chagrin des animaux (How Animals Grieve)*, où elle cite les espèces d'innombrables animaux de tous les groupes taxonomiques, dont elle montre qu'ils réagissent comme l'a fait Tahlequah à la mort d'un partenaire social ou d'un membre de leur famille. Ses exemples vont d'animaux que nous associons généralement à l'intelligence, comme les dauphins, à des animaux pour lesquels cela ne nous viendrait pas à l'esprit. « Les poulets, tout comme les chimpanzés, les éléphants et les chèvres, sont capables de ressentir du chagrin », écrit-elle[2].

La question de savoir ce que les animaux savent de la mort (et donc comment ils font leur deuil) relève de

1. Darwin, C. (1871). *The Descent of Man.* Londres, John Murray. Charles Darwin, *La Descendance de l'homme et la sélection sexuelle*, traduit par Edmond Barbier, 3e éd. française, Paris, C. Reinwald & Cie, 1891, p. 108.
2. Barbara J. King, *How Animals Grieve*, Chicago, University of Chicago Press, 2013. Traduit de l'américain par Jean Rosenthal, *Le Chagrin des animaux*, Paris, Éd. de Fallois, 2014.

la thanatologie comparée, un domaine d'investigation scientifique qui s'interroge sur la connaissance de la mort chez les animaux[1]. Les spécialistes en thanatologie comparée s'emploient à déterminer comment un animal sait si quelque chose est vivant ou mort, et ce que la mort signifie pour lui. Les fourmis, par exemple, savent quelque chose de la mort parce qu'une fourmi morte émet des nécromones, des substances chimiques qui ne se libèrent que dans le processus de décomposition. Lorsqu'une fourmi sent les nécromones sur une fourmi morte, elle emporte le corps et le jette hors du nid. Mais il est possible de déclencher cette réaction d'élimination des corps (appelée *nécrophorèse*) en pulvérisant des nécromones sur n'importe quelle fourmi : on observe alors que les autres fourmis les transportent hors du nid avec des cris et des coups de patte. Cela ne signifie pas que les fourmis ont une connaissance particulièrement sophistiquée de la mort : peut-être n'ont-elles qu'une façon très limitée de la reconnaître.

D'autres animaux réagissent à la mort d'une manière qui nous est immédiatement reconnaissable. Le portage de bébés morts n'est pas limité aux dauphins. On l'observe également chez la plupart des primates. Les mères portent le corps de leur enfant pendant des jours, voire des semaines. Cela s'accompagne souvent de comportements qui, pour un humain, ressemblent à du chagrin : retrait social, vocalisations de deuil et « privation de

---

1. André Gonçalves et Dora Biro, « Comparative thanatology, an integrative approach : exploring sensory/cognitive aspects of death recognition in vertebrates and invertebrates », *Philosophical Transactions of the Royal Society B : Biological Sciences*, 373(1754), 2018, 20170263.

nourriture ou de sommeil », comme le décrit Barbara King[1]. Notons cependant que le deuil, si c'est bien là à des formes de deuil que nous assistons, n'est pas synonyme de *compréhension* de la mort.

Susana Monsó est philosophe à l'université de médecine vétérinaire de Vienne, et ses recherches portent sur la conscience de la mort chez les animaux. Elle affirme que « le chagrin n'est pas nécessairement le signe qu'il y a [conscience de la mort] – il est le signe d'un fort attachement émotionnel à l'individu décédé[2] ». Il existe donc différents niveaux de sophistication dans la compréhension de la mort par les animaux. Elle qualifie le niveau le plus élémentaire de *conscience minimale de la mort* ; et, pour elle, beaucoup d'animaux – sinon la plupart – possèdent cette sorte de connaissance de la mort. Selon Monsó, pour qu'un animal ait une conscience minimale de la mort, il suffit qu'il soit capable de reconnaître deux attributs simples : « 1) la non-fonctionnalité (la mort arrête toutes les fonctions corporelles et mentales) et 2) l'irréversibilité (la mort est un état permanent)[3] ». Un animal ne naît pas avec ce savoir, mais il apprend à reconnaître la mort en y étant exposé.

Monsó m'a expliqué que, « pour qu'un animal développe une conscience minimale de la mort, il doit d'abord avoir des attentes concernant le comportement habituel

1. Petra Mayer, « Questions for Barbara J. King, author of "How animals grieve" », *NPR*, 27 mai 2013. npr.org/2013/05/27/185815445/questions-for-barbara-j-king-author-of-how-animals-grieve.

2. Susana Monsó et Antonio J. Osuna-Mascaró, « Death is common, so is understanding it : The concept of death in other species », *Synthese*, 199, 2021, p. 2251-2275.

3. *Ibid.*

des êtres qui l'entourent ». Par exemple, peu après sa naissance, un jeune dauphin apprend rapidement les différentes formes de comportement des êtres vivants. Il s'attend à ce que les autres dauphins bougent leurs nageoires de haut en bas pour nager dans l'eau, qu'ils chassent et mangent des poissons, et qu'ils émettent de nombreux sifflements et cliquetis. Mais, lorsqu'il rencontre pour la première fois un dauphin mort, il remarque que rien de tout cela ne se produit. Et, s'il observe le dauphin mort suffisamment longtemps, il apprendra qu'il s'agit d'un état permanent. Son esprit sera alors capable de classer le monde en deux catégories : les êtres vivants et les êtres qui ne le sont plus. Monsó affirme qu'une conscience minimale de la mort est « relativement facile à acquérir et assez répandue dans la nature ». Elle ne nécessite pas de connaissances particulièrement complexes. Le deuil peut donc se présenter comme une réponse émotionnelle assez simple à la non-fonctionnalité permanente d'un partenaire social ou d'un membre de la famille.

Il est toutefois important de comprendre que ce n'est pas parce qu'un dauphin peut reconnaître la mort qu'il *comprend sa propre mortalité*. Ou que tous les êtres vivants doivent mourir. Il s'agit là de deux niveaux de compréhension supplémentaires dont les animaux non humains sont dépourvus. Selon Monsó, « une conscience très sophistiquée de la mortalité personnelle intègre également les notions d'inévitabilité, d'imprévisibilité et de causalité. Les animaux peuvent acquérir, par accumulation d'expériences de la mort, la conscience qu'ils *peuvent* mourir, mais probablement pas celle qu'ils *mourront*. Je pense qu'une telle notion est probablement réservée aux humains ».

Les scientifiques et les philosophes semblent s'accorder sur le fait qu'il existe une différence fondamentale entre ce que les animaux et les humains comprennent de la mort – c'est en particulier la conscience de la mortalité elle-même. « Parmi les animaux, écrit King dans *Le Chagrin des animaux*, nous sommes les seuls à anticiper pleinement le caractère inévitable de la mort. » C'est ce que l'on appelle, en jargon scientifique, la « saillance de la mortalité », pour désigner la capacité à savoir que l'on mourra un jour, comme tout le monde. Je préfère l'expression plus poétique de sagesse de la mort. Lorsque ma fille avait huit ans, nous l'avons entendue pleurer dans sa chambre peu de temps après lui avoir lu une histoire à l'heure du coucher et lui avoir souhaité bonne nuit. Nous l'avons trouvée assise dans son lit, l'air particulièrement malheureux. Elle nous a expliqué qu'elle pensait à la mort et qu'un jour elle fermerait les yeux et ne les ouvrirait plus jamais. Qu'elle ne verrait, ne penserait et ne ressentirait plus jamais rien. Elle était effrayée, mais elle a également décrit une sorte d'effroi existentiel qui était nouveau pour elle. Je soupçonne que vous connaissez vous aussi ce sentiment : le gouffre de tristesse qui envahit l'esprit lorsqu'on contemple la réalité de sa propre mort. C'est quelque chose dont ma fille n'avait jamais parlé – qu'elle n'avait même jamais ressenti – avant ce moment. Et c'était déchirant pour moi.

Une question se pose : quelles capacités cognitives possédons-nous – et que les animaux non humains ne possèdent pas – qui suscitent notre compréhension profonde de la mort ?

Le temps et la malédiction de la « fraction bizarre »

Selon Susana Monsó, la conscience minimale de la mort que possèdent les animaux « n'exige ni une *conscience explicite du temps* ni beaucoup de *voyages mentaux* dans le temps ou d'*anticipation épisodique* ». Ce sont là des ingrédients cognitifs – peut-être propres à l'esprit humain – qui sont nécessaires à la sagesse de la mort. J'aborderai chacun d'entre eux tour à tour pour donner une meilleure idée de ce qui permet à notre espèce d'avoir une compréhension profonde de la mort.

Commençons par la *conscience explicite du temps* : c'est savoir qu'il y aura un lendemain, un surlendemain et un sur-surlendemain. Cette connaissance, qui peut s'étendre à quelques heures dans le futur, mais aussi à des jours, des années ou des millénaires, est explicite dans la mesure où nous pouvons l'analyser avec notre esprit conscient, comprendre ainsi ce qu'il en est et le penser de manière conceptuelle. Le principal avantage de la connaissance explicite de cette progression du temps est que l'on peut planifier l'avenir.

En revanche, un animal n'a pas besoin de comprendre ce qu'est le temps ou l'« avenir » pour organiser sa vie. Un chat domestique, par exemple, peut se contenter de manger quand il a faim et de dormir quand il est fatigué, sans s'intéresser à ce que sera le lendemain. Nietzsche pensait que cela donnait aux animaux un avantage sur les humains.

> C'est ainsi que l'animal vit d'une façon *non historique* : car il se réduit dans le temps, semblable à un nombre, sans qu'il reste une fraction bizarre[1].

Nietzsche considérait que les animaux, n'étant pas accablés par la connaissance du passé et ignorant totalement ce que leur réserve l'avenir, souffrent probablement moins que les humains – ce qu'il déplorait pour nous. Le philosophe pensait que les animaux, comme les enfants, « entre les enclos d'hier et ceux de demain, se livre[nt] à [leur]s jeux dans un bienheureux aveuglement ».

L'idée selon laquelle les animaux vivent enlisés dans le présent est très répandue et fait l'objet d'un débat ancien chez les scientifiques. À l'exception d'une poignée de cas que nous allons découvrir dans cette section, il semble que rares soient les espèces qui ont une conscience explicite du temps selon les critères humains. Cependant, même sans nécessairement ruminer l'avenir, les animaux n'en confèrent pas moins une signification au temps. Peut-être n'ont-ils pas une compréhension explicite de la signification conceptuelle du temps, mais presque tous les êtres vivants ont une compréhension implicite du temps inscrite dans leur ADN.

« La vie physiologique, biochimique et comportementale de tous les animaux est organisée autour d'une journée de vingt-quatre heures, explique Michael Cardinal-Aucoin, professeur de biologie à l'université

---

1. Friedrich Wilhelm Nietzsche, « Seconde considération inactuelle. De l'utilité et des inconvénients de l'histoire pour la vie », §1, traduit de l'allemand par Henri Albert, Édition électronique, Les Échos du Maquis, 2011.

Lakehead, au Canada, et spécialiste de la biologie circadienne. Leur vie est chronométrée ; ils anticipent des événements cycliques qui se produisent régulièrement. »

En tant que mammifères, nous sommes profondément affectés par un événement cyclique en particulier : le lever du soleil. À l'heure où j'écris ces lignes, la durée prévue de cette journée est de vingt-trois heures, cinquante-neuf minutes et 59,9988876 secondes. La Lune s'éloigne et se rapproche de la Terre au cours d'une journée. Cela signifie que l'attraction gravitationnelle de la Lune sur la Terre n'est pas constante et, partant, que la vitesse de rotation de la Terre est toujours changeante. C'est pourquoi il est rare qu'un jour terrestre dure exactement vingt-quatre heures. En moyenne, la Lune s'éloigne de la Terre de cinq centimètres chaque année, ce qui explique que la durée d'un jour terrestre s'est lentement allongée au cours des millénaires. Il y a soixante-dix millions d'années, une journée ne comptait que vingt-trois heures et demie[1].

Les fluctuations et changements dans la durée d'une journée sont – dans l'ensemble – minimes, ce qui a permis à de nombreuses espèces de développer des modèles de comportement basés sur la fiabilité du lever et du coucher du soleil. L'homme, par exemple, utilise la lumière naturelle pour calibrer son horloge interne. Comme de nombreuses espèces de mammifères, nous dormons lorsque le soleil se couche. Lorsque la lumière décline, vers la fin de la journée, nos glandes pinéales produisent

1. Niels J. de Winter *et al.*, « Subdaily-scale chemical variability in a Torreites sanchezi rudist shell : Implications for rudist paleobiology and the Cretaceous day-night cycle », *Paleoceanography and Paleoclimatology*, 35(2), 2020, e2019PA003723.

l'hormone mélatonine, qui signale à notre cerveau qu'il est temps de dormir[1]. Ce signal coïncide avec l'augmentation du taux d'*adénosine*, une substance chimique qui s'accumule lentement dans notre cerveau tout au long de la journée et atteint des niveaux critiques peu après le coucher du soleil, générant cette sensation de somnolence qui nous oblige finalement à aller nous coucher. D'autres espèces, comme les chauves-souris nocturnes, sont actives la nuit et ont donc des systèmes de génération de sommeil opposés : elles s'endorment lorsque le soleil se lève. Dans les deux cas, le soleil sert d'indicateur fiable du temps qui passe.

Les cellules de toutes les créatures vivantes présentent un système plus ancien de suivi du temps qui ne fait pas appel à la lumière. « Il existe un mécanisme moléculaire dans nos cellules qui marque le passage du temps », m'a expliqué M. Cardinal-Aucoin. Ce système d'horloge interne est régulé par des « gènes d'horloge » dans notre ADN. Une fois activés, ces gènes commencent à produire des protéines – appelées « protéines PER » – qui s'infiltrent dans la cellule pendant la nuit. Au bout du compte, la production de protéines est suffisante pour atteindre un seuil, et les gènes d'horloge cessent de produire des protéines. Les protéines PER se désagrègent alors lentement jusqu'à ce que leur nombre soit tellement réduit que les gènes d'horloge se rallument et recommencent à produire des protéines. Ce processus

1. Pour plus d'informations sur le sommeil, consultez l'excellent ouvrage de Matthew Walker *Why We sleep. Unlocking the Power of Sleep and Dreams*, New York, Simon and Schuster, 2017. Traduit en français par Pauline Soulat, *Pourquoi nous dormons. Le pouvoir du sommeil et des rêves, ce que la science nous révèle*, Paris, La Découverte, 2018.

dure presque exactement vingt-quatre heures, soit une rotation complète de la Terre. Ce mécanisme, appelé « boucle de rétrocontrôle de transcription/traduction » (BRTT), est présent dans les cellules de la plupart des êtres vivants, des plantes aux bactéries en passant par les humains. Il permet d'expliquer pourquoi tous les êtres vivants de la Terre – y compris les animaux qui vivent dans des grottes sombres ou au fond des océans, où la lumière ne pénètre pas – sont néanmoins sensibles au cycle solaire de vingt-quatre heures. Jeffrey C. Hall, Michael Rosbash et Michael W. Young ont reçu le prix Nobel de médecine en 2017 pour leur découverte des gènes d'horloge dans les années 1980. Avant leur découverte, les scientifiques savaient que les humains (et d'autres animaux) avaient une horloge interne qui n'avait pas besoin du soleil pour se calibrer, mais la découverte de la BRTT nous a permis d'expliquer comment nos cellules y parvenaient.

L'ancienne réponse cellulaire au passage du temps *via* la BRTT et aux signaux externes du soleil qui nous indiquent où nous en sommes dans le cycle jour/nuit ne se traduit pas nécessairement par une conscience explicite du temps. Il est extrêmement improbable que les chats, par exemple, se représentent le temps comme les humains. Mon chat Oscar est, comme tous les chats domestiques, crépusculaire : il est plus actif à l'aube et à la nuit tombante. Comme les autres mammifères, ses cellules régulent son horloge interne grâce à la BRTT, et son cerveau se fonde sur la quantité relative de lumière solaire pour induire ou supprimer son activité matinale et nocturne par la libération d'hormones. Il est sensible au passage du temps. Mais Oscar ne sait pas pour autant ce que signifient des concepts temporels abstraits comme « demain », et encore moins celui de « l'hiver prochain ». Ce type de connaissance explicite nécessite les autres compétences cognitives mentionnées par Susana Monsó en ce qui concerne la capacité humaine de sagesse de la mort : le voyage mental dans le temps et l'anticipation épisodique.

IMAGINEZ-VOUS...

Repensez à votre soirée d'hier. Vous souvenez-vous de ce que vous avez mangé au dîner ? Vous souvenez-vous si vous avez apprécié le repas ? Vous souvenez-vous de l'endroit où vous étiez assis pendant que vous mangiez ? Il y a de fortes chances que vous vous rappeliez beaucoup de détails. Peut-être avez-vous une excellente mémoire visuelle de ce que vous avez mangé, et peut-être ce souvenir est-il gravé dans votre esprit comme une photographie. Il se peut aussi qu'il soit codé par le langage : les noms des plats, des ingrédients, y étant associés. Peut-être convoque-t-il une sensation, comme le plaisir ou le dégoût.

Imaginez maintenant votre dîner de demain soir, qui se déroule chez votre meilleur ami. Le repas se compose d'un plat de spaghettis à la sauce bolognaise et vous êtes assis dans le salon, directement sur le sol. Comme vous n'avez ni fourchette ni cuillère, vous mangez les spaghettis avec les doigts. Et votre ami chante « My Heart Will Go On », la chanson du film *Titanic*. C'est un scénario étrange, tout à fait atypique, mais je le déploie pour vous faire sentir la force de votre pouvoir d'imagination : vous êtes tout à fait capable d'imaginer en détail quelque chose qui n'arrivera probablement jamais.

La capacité de se souvenir du passé et d'imaginer l'avenir s'appelle le voyage mental dans le temps. Les psychologues Thomas Suddendorf et Michael Corballis la définissent succinctement comme « la faculté qui permet aux humains de se projeter mentalement en arrière dans le temps pour revivre des événements, ou en avant pour en pré-vivre[1] ». Elle est intimement liée à une autre capacité cognitive, appelée « anticipation épisodique », qui est la « capacité de se projeter mentalement dans l'avenir pour simuler des événements imaginés et des résultats potentiels[2] ». Notre imagination peut ainsi produire une infinité de scénarios nous mettant en scène. Si par exemple vous vous demandez « Que se passerait-il si je mangeais des spaghettis avec les doigts ? » et imaginez les nombreuses conséquences possibles, y compris les plus effrayantes, dans l'un de ces scénarios, vous pourriez vous tacher misérablement avec ces spaghettis glissant de vos doigts.

Pour qu'ils puissent développer une sagesse de la mort comparable à celle de l'homme, il faudrait aux animaux une capacité d'anticipation épisodique. Or, pour la plupart des espèces, il n'existe que peu de preuves de

1. Thomas Suddendorf et Michael C. Corballis, « The evolution of foresight : What is mental time travel, and is it unique to humans ? », *Behavioral and Brain Sciences*, 30(3), 2007, p. 299-313.

2. Adapté d'une définition fournie par : Judith A. Hudson, Estelle M. Y. Mayhew et Janani Prabhakar, « The development of episodic foresight : Emerging concepts and methods », *Advances in Child Development and Behavior*, 40, 2011, p. 95-137.

cette capacité. Ce qui semble, à première vue, étrange. Comment les animaux planifient-ils l'avenir s'ils ne peuvent pas s'imaginer dedans ?

Pour nous aider à y voir plus clair, examinons les compétences légendaires du cassenoix d'Amérique, dit « de Clark », en matière de planification de l'avenir. Ce petit oiseau fait partie de la famille des corvidés (comme ses cousins la corneille et le corbeau) et a été nommé en mémoire de William Clark, qui l'a découvert au cours de sa tristement célèbre expédition dans les montagnes Rocheuses au début du XIXe siècle. Si c'est à Clark que revient le mérite de la découverte, il n'a bien sûr pas été le premier à voir l'oiseau. Cela faisait près d'un millier d'années que les Shoshones, par exemple, utilisaient le nom de *tookottsi* pour désigner le cassenoix lorsque Clark est arrivé sur les lieux[1]. C'est pourquoi j'utiliserai le terme shoshone plutôt que celui, plus courant, de « cassenoix de Clark ».

Les tookottsis se nourrissent principalement de graines de pin, abondantes à l'automne, mais rares en hiver. Ils sont donc passés maîtres dans l'art de la thésaurisation. À l'automne, ils cueillent les graines dans les pommes de pin et les cachent sur tout leur territoire – jusqu'à une distance de trente kilomètres – afin d'y avoir accès pendant les mois d'hiver. Ils les enterrent par douzaines à quelques centimètres sous le sol, ce qui les rend difficiles

1. Je tiens à remercier ici Marianna Di Paolo, directrice du WRMC Shoshoni Language Project et du Center for American Indian Languages de l'université de l'Utah. Elle a pu me confirmer le nom shoshone de cet oiseau et a souligné que « le mot tookottsi est largement utilisé dans l'ensemble du territoire shoshone et remonte probablement à plus de mille ans ».

à trouver pour les écureuils et les autres oiseaux[1]. Les tookottsis peuvent cacher près de 100 000 graines dans quelque dix mille cachettes distinctes au cours d'une saison donnée[2]. Et, chose étonnante, ils peuvent se souvenir de l'emplacement de la plupart de ces cachettes pendant une période pouvant aller jusqu'à neuf mois[3].

On pourrait ainsi penser que le tookottsi se projette dans l'avenir, qu'il utilise l'anticipation épisodique pour s'imaginer dans un paysage hivernal où la nourriture est rare, et conçoit le stockage des graines comme le meilleur moyen d'éviter la famine. Mais ce n'est pas le cas. Un tookottsi né au printemps se livrera au processus de stockage des graines même s'il n'a jamais connu d'hiver, où la nourriture est rare. Il se prépare à un avenir qu'il ne peut ni connaître ni imaginer. Chez le tookottsi, le mécanisme mental de dissimulation de la nourriture est ancré dans l'histoire de son évolution, et cet instinct n'exige pas que l'animal se projette dans des scénarios futurs. Presque tous les exemples de « planification » animale – les abeilles qui récoltent du nectar et fabriquent du miel pour l'hiver, les corbeaux qui construisent un nid pour leurs œufs – peuvent être attribués à ces pulsions instinctives, et non à un voyage mental dans le temps.

1. Lesley E. Ogden, « Better know a bird : The Clark's nutcracker and its obsessive seed hoarding », Audubon, 11 novembre 2016. audubon.org/news/better-know-bird-clarks-nutcracker-and-its-obsessive-seed-hoarding.
2. H. E. Hutchins et Ronald Lanner, « The central role of Clark's nutcracker in the dispersal and establishment of whitebark pine », *Oecologia*, 55(2), 1982, p. 192-201.
3. Russell P. Balda et Alan C. Kamil, « Long-term spatial memory in Clark's nutcracker, *Nucifraga Columbiana* », *Animal Behaviour*, 44(4), 1992, p. 761-769.

La psychologue allemande Doris Bischof-Köhler a un jour affirmé que seuls les êtres humains étaient capables de voyager mentalement dans le temps de manière à pouvoir imaginer et donc planifier un état de motivation futur qui entre en conflit avec un état de motivation actuel[1]. Cependant, quelques espèces animales semblent être dotées de cette aptitude et constituent donc les meilleurs exemples que nous ayons de la capacité des animaux non humains à voyager mentalement dans le temps. Comme souvent, ce sont nos plus proches parents, les chimpanzés, qui fournissent les meilleurs exemples de cette faculté. Pour en tirer tous les enseignements, il faut connaître un élément important de leur comportement. Vous avez peut-être en tête cette image (en partie véhiculée par des vidéos) d'après laquelle les chimpanzés lancent des objets lorsqu'ils sont en colère, y compris leurs excréments ? Eh bien, il s'agit effectivement d'un comportement avéré. Voici comment l'Institut Jane Goodall explique le lancer d'excrément :

> Dans leur habitat naturel, lorsque les chimpanzés se mettent en colère, ils se lèvent, agitent les bras et lancent des branches ou des pierres - tout ce qui leur tombe sous la main. Les chimpanzés captifs sont privés de ces objets qu'ils trouveraient dans la nature : le projectile le plus facilement disponible reste alors l'excrément. Comme cela a tendance à susciter une réaction assez forte de la part des gens lorsqu'ils les lancent, leur comportement est renforcé

1. Thomas Suddendorf et Jonathan Redshaw, « Anticipation of future events », *Encyclopedia of Animal Cognition and Behavior*, janvier 2017, p. 1-9.

> et susceptible d'être répété, ce qui explique l'abondance de vidéos YouTube montrant ces lancers d'excréments[1].

Permettez-moi à présent de vous présenter Santino, célèbre dans le monde entier à cause de son habitude de jeter des objets quand il est en colère. Né en 1978, Santino est un chimpanzé mâle qui vit dans le zoo de Furuvik, en Suède. Sa réputation de jeter des pierres sur les touristes humains rassemblés dans la zone d'observation près de son enclos n'est plus à faire depuis longtemps. En 1997, les gardiens du zoo ont remarqué une période de quelques jours au cours de laquelle Santino semblait lancer un nombre anormalement élevé de projectiles (principalement des pierres, et non pas des excréments). Lorsqu'ils sont entrés dans son enclos pour enquêter, ils ont trouvé un tas de pierres et d'autres objets cachés sous les buissons le long de la douve, près de la zone d'observation des touristes. Il y avait même des morceaux de béton qu'il avait transportés depuis l'autre côté de son enclos[2]. Les chercheurs ont découvert par la suite que Santino passait des heures avant l'ouverture du zoo à rassembler et à ranger ses pierres pour se préparer[3].

Comme nous l'avons vu avec le tookottsi, la capacité à agencer des objets n'est pas la preuve d'une planification

1. McCambridge F., « This is why chimpanzees throw their poop at us », *The Jane Goodall Institute of Canada*, *s. d.*, janegoodall.ca/our-stories/why-chimpanzees-throw-poop-at-us/ référence obsolète et cela n'est plus sur le site.
2. Mathias Osvath et Elin Karvonen, « Spontaneous innovation for future deception in a male chimpanzee », *PloS one*, 7(5), 2012, e36782.
3. Mathias Osvath, « Spontaneous planning for future stone throwing by a male chimpanzee », *Current Biology*, 19(5), 2009, R190-R191.

sophistiquée qui implique nécessairement une anticipation épisodique. Ce qui rend le comportement de Santino si particulier, cependant, c'est qu'il préparait sa réserve de pierres bien avant d'être submergé par ses crises de rage, au cours desquelles il les jetterait. D'après tous les témoignages, il constituait ses réserves dans le plus grand calme. Cela suggère que Santino se préparait à un avenir où il savait qu'il serait en colère (même s'il ne se sentait pas en colère à ce moment-là). Il semble qu'à la différence du tookottsi, Santino voyageait mentalement dans le temps et utilisait ses souvenirs pour se projeter dans des scénarios futurs. L'observation suggérant que Santino pouvait imaginer un avenir dans lequel il se sentirait différent de ce qu'il ressentait dans le moment présent remet en question l'hypothèse de Bischof-Köhler selon laquelle il s'agit d'un trait de caractère propre à l'homme. Mathias Osvath, le chercheur principal qui a étudié le comportement de Santino, déclara d'ailleurs : « L'accumulation des données jette un doute sérieux sur la notion selon laquelle le système cognitif épisodique serait exclusif à l'homme[1]. »

L'hypothèse de Bischof-Köhler est également remise en question par les geais buissonniers. Ces oiseaux sont des corvidés, comme les corneilles, les corbeaux et les tookottsis. Comme les autres corvidés, ils cachent de la nourriture. Lors d'une expérience célèbre, des geais ont passé la nuit dans deux cages : l'une dans laquelle ils recevaient, au petit déjeuner, des croquettes pour chien, l'autre dans laquelle ils recevaient des cacahuètes. Ils ne savaient jamais dans quelle cage ils passeraient la nuit et ne pouvaient

1. Mathias Osvath, « Great ape foresight is looking great », *Animal Cognition*, 13(5), 2010, p. 777-781.

donc pas être sûrs de la nourriture qui leur serait servie au petit déjeuner. Pour les besoins de l'expérience, le protocole autorisait les geais à manger autant de nourriture qu'ils le souhaitaient pendant la journée (leur faim était donc pleinement rassasiée) et leur donnait ensuite accès à des cacahuètes et à des croquettes qu'ils pouvaient cacher dans l'un ou l'autre des compartiments de nuit (ou dans les deux). Les oiseaux ont fini par cacher la plupart des croquettes dans la cage où les cacahuètes constituaient la nourriture habituelle du petit déjeuner et ont caché plus de cacahuètes dans la cage où c'étaient les croquettes. En d'autres termes, ils avaient prévu que, quel que soit le compartiment dans lequel ils seraient enfermés pour la nuit, ils pourraient se réveiller avec un petit déjeuner composé à la fois de cacahuètes *et* de croquettes.

Ce qu'il faut retenir, c'est que les geais n'avaient pas faim au moment où ils cachaient leur nourriture. En revanche, ils imaginaient un scénario dans lequel ils auraient faim. « Les geais buissonniers ont un comportement qui montre qu'ils se préoccupent à la fois de se prémunir contre les pénuries de nourriture et de maximiser la variété de leur régime alimentaire[1] », explique Nicola Clayton, l'une des auteurs de l'étude. « Les geais peuvent spontanément planifier le lendemain sans se référer à leur état de motivation actuel, ce qui remet en question l'idée qu'il s'agirait d'une capacité exclusivement humaine[2]. »

1. Biotechnology and Biological Sciences Research Council, « Birds found to plan for the future », *ScienceDaily*, 26 février 2007. sciencedaily.com/releases/2007/02/070222160144.htm.

2. Caroline R. Raby, Dean M. Alexis, Anthony Dickinson et Nicola S. Clayton, « Planning for the future by western scrub-jays », *Nature*, 445(7130), 2007, p. 919-921.

Ce sont les meilleurs exemples que nous ayons d'animaux possédant une capacité d'anticipation épisodique et agissant en conséquence. Aussi impressionnants soient-ils, il convient de noter deux points importants. Premièrement, si les animaux ont une capacité d'anticipation épisodique comme les humains, elle ne semble pas particulièrement répandue. Deuxièmement, ces espèces ne semblent pas utiliser leurs capacités mentales de voyage dans le temps autant que les humains. Elles semblent surtout planifier l'avenir (proche) dans son lien avec l'acquisition de nourriture. Je ne veux pas minimiser ces exemples, car ils démontrent de manière assez élégante (à mon avis) que l'anticipation épisodique existe bel et bien dans des esprits non humains. Mais ils démontrent également les limites des capacités d'anticipation des animaux, en ce sens que, pour une raison quelconque, les animaux ne semblent pas capables d'utiliser cette compétence pour autre chose que l'acquisition de nourriture (et l'agression des visiteurs du zoo).

Que cela nous apprend-il sur la capacité des animaux à comprendre la mort ?

Voici ce que nous savons : la plupart des animaux ont une conscience minimale de la mort. Ils savent que la mort signifie qu'un être vivant est entré dans un état de non-fonctionnalité permanente. Nous savons que la sélection naturelle peut donner aux animaux une capacité de planification par le biais d'un comportement instinctif qui ne repose pas sur une conscience explicite du temps ni sur aucune forme de voyage mental dans le temps ou d'anticipation épisodique. Nous savons que la plupart des espèces animales, comme le tookottsi, peuvent très bien préparer leur avenir sans avoir besoin d'anticipation épisodique. Et, malgré les preuves d'une anticipation épisodique chez certaines espèces (chimpanzés, geais buissonniers), il n'existe aucune preuve scientifique en faveur de l'hypothèse selon laquelle les animaux non humains pourraient penser ou planifier un nombre illimité de situations futures, y compris leur propre mort.

Le contraste est saisissant avec les humains. La sagesse de la mort semble être l'apanage de notre espèce, et probablement d'elle seule. La question qui se pose alors est la suivante : est-ce une bonne ou une mauvaise chose ? Du point de vue de la sélection naturelle (et de notre propre santé mentale), la sagesse de la mort est-elle une bénédiction ou une malédiction ?

La malédiction de Cassandre

La thanatologie selon une perspective évolutionniste a été introduite pour la première fois en 2018 : cette nouvelle discipline académique étudie la façon dont les animaux (y compris les humains) ont changé, au fil de l'évolution, dans leur compréhension de la mort et dans les réponses comportementales à lui donner[1]. Les humains modernes, comme vous le savez, ne traitent pas leurs morts de la même manière que les autres espèces animales. Chaque culture a des règles et des rituels élaborés. Les Égyptiens de l'Ancien Empire (2686 à 2125 avant J.-C.) momifiaient les corps des membres de l'élite de la société, plaçaient leurs organes (estomac, intestins, foie et poumons) dans

1. James R. Anderson, Dora Biro et Paul B. Pettitt, « Evolutionary thanatology », *Philosophical Transactions of the Royal Society B : Biological Sciences*, 373(1754), 2018, 20170262.

des vases canopes et conservaient le corps dans des bandages de lin. Ils laissaient le cœur en place et retiraient le cerveau, qu'ils jetaient. De nos jours, en Corée du Sud, les corps sont incinérés, et les cendres sont compressées sous la forme de perles brillantes qui peuvent être portées en bijoux. Dans certains funérariums d'Amérique du Nord, les visiteurs ont la possibilité d'entrer en voiture, ce qui permet aux personnes endeuillées de rouler devant le cercueil de leur proche sans bouger de leur siège.

La thanatologie selon une perspective évolutionniste s'attache non seulement à comprendre à la fois l'évolution culturelle de ces pratiques funéraires humaines et l'évolution au fil du temps de notre compréhension psychologique et de nos réactions face à la mort. Vu les problèmes potentiels que pose le projet d'étudier la psychologie d'espèces mortes depuis des millions d'années, il est beaucoup plus simple de commencer par notre plus proche parent vivant : le chimpanzé. Dans une série d'articles destinés à présenter ce champ nouveau de la thanatologie, le psychologue James Anderson s'est penché sur ce que nous savons (et ignorons) de la façon dont les chimpanzés appréhendent la mort.

> Il est moins évident que les chimpanzés comprennent que toutes les créatures mourront (universalité), mais il est raisonnable de penser qu'ils savent que d'autres créatures peuvent mourir. Cette connaissance inclut probablement une notion de leur propre vulnérabilité, voire de l'inévitabilité de leur propre mort[1].

1. James R. Anderson, « Chimpanzees and death », *Philosophical Transactions of the Royal Society B : Biological Sciences*, 373(1754), 2018, 20170257.

La principale différence entre la psychologie humaine et la psychologie animale en matière de mort concerne la compréhension de son caractère inéluctable. Les humains savent que leur mort est inévitable. Les chimpanzés pourraient le comprendre, mais, d'après les preuves scientifiques mentionnées dans l'article, ce n'est probablement pas le cas. Cela signifie que, quelque part au cours de l'évolution d'*Homo sapiens* à partir de l'ancêtre commun que nous partagions avec les chimpanzés, nous nous sommes séparés de nos plus proches parents simiesques lorsque s'est mise en place la faculté d'envisager notre propre mort. Quelque chose s'est produit dans le cerveau ou dans l'esprit de nos ancêtres qui a transformé notre conscience minimale de la mort en une véritable sagesse de la mort.

Imaginez donc le moment précis où une mutation génétique, apparue dans le génome d'un hominidé, a conduit à la naissance d'un bébé possédant, pour la première fois, la capacité cognitive d'apprendre que sa mort est inéluctable. Il ne s'agit pas d'un scénario hypothétique, mais d'un événement réel qui s'est produit quelque part au cours des sept derniers millions d'années. Bien entendu, il est peu probable qu'une simple mutation ait fait surgir du néant le gène de la sagesse de la mort. Il s'agit plutôt d'un processus de sélection naturelle qui s'est déroulé au cours des millénaires et s'est appuyé sur un ensemble de compétences cognitives apparues au fil de l'évolution, comme celles qui sont nécessaires au voyage mental dans le temps ou à l'anticipation épisodique. Mais il y a eu indéniablement un moment dans l'histoire de notre espèce où un bébé hominidé est né avec une pleine capacité de perception de la mortalité alors même que ses parents n'avaient pas cette capacité autant que lui. Un moment où la sagesse de la mort s'est épanouie dans l'esprit d'un enfant pour la première fois dans l'histoire de la vie sur cette planète.

Imaginez cette pauvre enfant qui grandit quelque part en Afrique. Appelons-la Cassandre. À la puberté, et après avoir passé sa vie à apprendre ce qu'est la mort en voyant mourir les membres de sa famille et les animaux qui l'entouraient, Cassandre a ressenti la première douleur liée à la sagesse de la mort s'emparer de son esprit. Comme ce fut le cas pour ma fille vers l'âge de huit ans. Si Cassandre avait essayé d'expliquer la nature de son anxiété à ses parents en utilisant le langage dont son espèce disposait à l'époque, ses parents auraient tout simplement été incapables de comprendre. Elle aurait vécu dans un enfer intime et exclusif d'angoisse existentielle sans que personne sur la planète fût capable de comprendre ce qu'elle traversait.

Ces nouvelles connaissances ont-elles donné un avantage à cette jeune fille ? Tout porte à croire que l'irruption de la sagesse de la mort dans un esprit aussi jeune causerait un traumatisme tel que Cassandre serait incapable de fonctionner normalement. À tout le moins, il est difficile de voir comment cette connaissance pourrait accroître sa force, dans une perspective évolutionniste. Sans doute les parents et les frères et sœurs de Cassandre étaient-ils déjà engagés dans une lutte pour la survie, comme c'était la norme pour nos ancêtres préhistoriques. Ils vivaient déjà dans la peur. Quel avantage pouvait-il y avoir à *savoir* qu'elle mourrait un jour ? Cette jeune fille aurait dû, de l'avis général, souffrir d'un traumatisme psychologique suffisant pour mettre un terme à sa lignée génétique à ce moment précis.

Mais ce n'est pas ce qui s'est produit. Au contraire, la lignée génétique de Cassandre est devenue dominante. Son succès en tant qu'individu au sein de sa famille et de sa tribu a conduit à la diffusion à l'ensemble de l'espèce de la sagesse de la mort. Et du stock génétique de Cassandre est né *Homo sapiens*, non seulement la dernière espèce d'hominidés encore en piste, mais aussi l'espèce de mammifères la plus prospère qui ait jamais foulé cette planète.

Comment Cassandre y est-elle parvenue ? Dans le livre *Denial. Self-Deception, False Beliefs, and the Origins of the Human Mind*, le médecin Ajit Varki explique comment une conversation avec feu le biologiste Danny Brower l'a conduit à formuler une hypothèse sur l'origine de l'esprit humain qui traite spécifiquement du problème de Cassandre :

> Un tel animal serait déjà doté de mécanismes intégrés de réaction de peur face à des situations dangereuses ou mettant sa vie en danger. Mais cette peur inconsciente deviendrait alors consciente, une terreur constante de savoir que l'on va mourir et que cela peut arriver n'importe quand, n'importe où. Dans ce modèle, la sélection ne favoriserait que l'individu qui atteindrait la pleine théorie de l'esprit à peu près en même temps que la capacité de nier sa propre mortalité. Cette combinaison serait très rare. Il est même possible qu'il s'agisse du moment décisif de la première spéciation des humains modernes sur le plan comportemental. C'est le Rubicon que nous, les humains, semblons avoir franchi[1].

1. Ajit Varki et Danny Brower, *Denial. Self-Deception, False Beliefs, and The Origins of the Human Mind*, Londres, Hachette UK, 2013.

L'argument avancé dans *Denial* est que, si un animal comme Cassandre devait naître avec cette combinaison de compétences cognitives qui mène à la sagesse de la mort (soit la pleine théorie de l'esprit dans la citation ci-dessus), il ne pourrait pas survivre en raison des « conséquences immédiates extrêmement négatives[1] ». Essentiellement, il perdrait la raison et serait incapable d'engendrer une quelconque progéniture (voire simplement de survivre à son enfance). Ce n'est qu'en développant la capacité de compartimenter ces pensées de mortalité (ce que Varki appelle la *capacité de déni*) qu'un animal comme Cassandre serait capable de rester suffisamment sain d'esprit pour procréer.

Quels sont donc les avantages, à l'échelle de l'évolution, de la sagesse de la mort ? S'il s'agit d'un handicap potentiel au point que nous ne pouvons expliquer son existence que par une capacité à le nier, pourquoi a-t-il été si utile à Cassandre qu'elle est devenue la lignée génétique dominante ? Voici la réponse : la sagesse de la mort repose sur des compétences cognitives dont la capacité humaine de comprendre comment le monde fonctionne (par exemple, le voyage mental dans le temps, l'anticipation épisodique, la connaissance explicite du temps) retire les plus grands bienfaits. Notre capacité à nous demander pourquoi les choses arrivent, et donc à faire des prédictions et des plans qui peuvent changer le cours des événements, fait partie de notre aptitude de spécialiste du pourquoi, que nous avons décrite au chapitre I. L'anticipation épisodique fait clairement partie des capacités cognitives impliquées

1. Ajit Varki, « Human uniqueness and the denial of death », *Nature*, 460(7256), 2009, p. 684.

dans ce processus. Et, puisque la sagesse de la mort est une conséquence inévitable de l'anticipation épisodique, nous ne pouvons tout simplement pas dissocier la sagesse de la mort de notre capacité de spécialiste du pourquoi. Apparemment, la sélection naturelle a reconnu que la spécialisation du pourquoi présentait quelque avantage, dans la mesure où elle nous a aidés à proliférer. Il doit donc en être de même pour l'anticipation épisodique et la sagesse de la mort qui l'accompagne. La sagesse de la mort présente un avantage évident par son implication dans d'autres capacités cognitives – ou peut-être son émergence à partir desdites capacités – qui ont permis à notre espèce de surpasser tous les autres hominidés et la plupart des autres mammifères dans la lutte pour la domination sur cette planète.

Il est également possible que ce soit parce qu'elle renforçait notre capacité à partager des relations sociales que la sagesse de la mort a contribué au succès de notre espèce. Loin d'être un bogue dans le système ou un effet indésirable, il pourrait en fait s'agir d'une de ses caractéristiques. Le psychologue Ernest Becker a reçu un Pulitzer pour *The Denial of Death*, un livre dans lequel il explique qu'une grande partie du comportement humain – et la majeure partie de notre culture – est mise en place pour répondre à notre connaissance de notre propre mort et à nos efforts, qui en découlent, pour créer quelque chose d'immortel, quelque chose qui continuera après notre mort et qui a donc un sens et une valeur[1]. Les humains créent des systèmes de croyances,

1. Ernest Becker, *The Denial of Death*, New York, Simon and Schuster, 1997.

de lois et de sciences afin de trouver pour eux-mêmes ce que Becker a décrit comme « un sentiment de valeur primaire, de spécificité cosmique, d'utilité ultime pour la création, de sens inébranlable ». Nous construisons des temples, des gratte-ciel et des familles multigénérationnelles dans l'espoir que « les choses que l'homme crée dans la société auront une valeur et une signification durables, qu'elles survivront ou dépasseront la mort et la décomposition, que l'homme et ses produits compteront ». Ernest Becker estime que la sagesse de la mort nous incite à créer tout un foisonnement de projets d'immortalité, dont certains peuvent eux-mêmes constituer un atout en matière de valeur sélective et se transmettre aux générations futures par le biais de la culture. Des développements comme la science elle-même, qui est motivée autant par le désir de gloire des scientifiques comme individus que par l'amour pur de la connaissance.

Becker a raison. Il est indéniable que la sagesse de la mort fait naître de belles choses qui ajoutent de la valeur (et du sens) à la condition humaine. Mais c'est précisément notre foi en l'importance de nos projets d'immortalité culturelle et leur rôle absolument central dans le sentiment que nous avons de notre propre valeur qui révèlent le pire du comportement humain. Et ce sont des guerres saintes, dans lesquelles s'affrontent des idéologies qui défendent des conceptions concurrentes sur la nature du chemin de l'immortalité. Et ce sont des génocides – comme celui orchestré par le roi Léopold II au Congo, de conserve avec des missionnaires chrétiens – qui sont commis au nom de nos dieux intemporels (à la fois théologiques et économiques). Si vous vous promenez dans n'importe quelle ville de la planète, vous rencontrerez probablement des statues de personnages historiques dont nous connaissons encore le nom et l'image parce qu'ils ont consacré leur vie à atteindre la notoriété pour de mauvaises raisons. Il y a encore des statues qui honorent Joseph Staline, Nathan Bedford Forrest et Cecil Rhodes. Nombre de ces statues célèbrent la vie d'individus devenus célèbres par la guerre, le meurtre et l'asservissement de leurs semblables. La sagesse de la mort nous pousse à rechercher l'immortalité en produisant de l'art et de la beauté, mais aussi – et c'est peut-être là toute l'ironie – en semant la mort.

La sagesse de la mort a d'autres conséquences négatives du point de vue de l'évolution. Il y a, à côté des projets d'immortalité qui ont manifestement mal tourné (par exemple, les génocides), les conséquences négatives quotidiennes de la sagesse de la mort. Des réalités comme la dépression, l'anxiété et le suicide. Bien que les troubles de l'humeur aient des origines complexes qui peuvent impliquer un grand nombre de causes (par exemple, le trouble affectif saisonnier, déclenché en partie par des changements dans les niveaux d'hormones dus à un manque d'exposition à la lumière du soleil, ou la dépression post-partum provoquée par des changements hormonaux dans le corps d'une femme après l'accouchement), il ne fait aucun doute que notre capacité à envisager notre mort peut avoir un impact négatif sur notre humeur. À tel point que le diagnostic de dépression est posé à partir des sentiments de nihilisme, de désespoir et les pensées de mort, qui constituent en soi des causes potentielles de suicide. La planète compte actuellement 280 millions de personnes souffrant de dépression. Plus de 700 000 personnes mourront par suicide cette année ; c'est la quatrième cause de décès chez les personnes âgées de cinq à vingt-neuf ans[1]. Si la sagesse de la mort n'explique certainement pas à elle seule les taux de dépression et de suicide, il ne fait aucun doute qu'elle y joue un rôle. L'exemple classique en est peut-être Nietzsche lui-même, qui a souffert de dépression tout au long de sa vie tout en s'attaquant au problème philosophique du nihilisme. Il est certain que ces choses sont inexorablement liées.

Je sais par expérience que je ne passe pas beaucoup de temps à envisager ma mort. Parfois, comme ma fille, il m'arrive, tard dans la nuit, alors que j'essaie de m'endormir, de penser à la réalité de la mort et de la redouter. Mais ces pensées sont passagères, bientôt remplacées par des paroles de chansons ou la liste des choses à faire le lendemain. C'est, je pense, la réalité de la plupart des êtres humains. Ce n'est pas parce que nous sommes capables d'envisager notre mort que nous passons nécessairement plus de temps que cela à le faire effectivement. C'est ainsi que notre capacité à nier la mort nous garde sains d'esprit. Elle tient ces pensées morbides et intrusives à l'écart de nous juste assez longtemps pour que nous puissions faire notre lessive.

Tout bien considéré, les avantages de l'anticipation épisodique et de la spécialisation du pourquoi l'emportent sur les conséquences négatives de la sagesse de la mort. Il suffit de constater le fait que nous sommes huit milliards répartis sur la planète à avoir envisagé notre mort à un moment ou à un autre pour en conclure que la sagesse de la mort est gérable. En ce qui concerne l'évolution, la

1. « Depression » (13 septembre 2021), The World Health Organization. who.int/news-room/fact-sheets/detail/depression.

sagesse de la mort n'est pas suffisamment problématique pour avoir compromis notre réussite en tant qu'espèce.

Quant aux conséquences quotidiennes de la sagesse de la mort, elles sont réellement désastreuses. Je crois que les animaux ont une meilleure relation avec la mort que nous. Comme nous l'avons vu dans ce chapitre, nombreux sont les animaux qui savent qu'ils peuvent mourir. Ils savent ce qu'est la mort. Ils ne sont pas assez ignorants pour, comme le disait Nietzsche, « entre les enclos d'hier et ceux de demain, se livre[r] à [leur]s jeux dans un bienheureux aveuglement ». Mais, malgré cette connaissance, ils ne souffrent pas autant que nous, et cela pour la simple raison qu'ils ne peuvent pas imaginer leur mort. Un narval ne se lamentera jamais sur le spectre de la mort comme l'a fait Nietzsche. Si le philosophe avait été un narval, il aurait été libéré de l'effroi nihiliste. Et, si j'avais été un narval, je n'aurais pas eu à m'asseoir au chevet de ma fille pour la regarder pleurer à cause de la perspective de sa mort inévitable. Je donnerais n'importe lequel de mes chers projets d'immortalité pour effacer la malédiction de la sagesse de la mort de l'esprit de ma fille.

4

L'ALBATROS GAY

Le problème de la morale humaine

> « Nous ne considérons pas les animaux comme des êtres moraux. Mais pensez-vous donc que les animaux nous tiennent pour des êtres moraux ? - Un animal qui savait parler a dit : "L'humanité est un préjugé dont nous autres animaux, au moins, nous ne souffrons pas[1]." »
>
> Nietzsche

Hashizume Aihei servait comme soldat dans la 6e division d'infanterie de l'armée impériale japonaise. Le 8 mars 1868, la division de Hashizume était stationnée dans la ville balnéaire de Sakai (près d'Osaka) lorsque des soldats d'un navire de guerre français ancré dans le port – le *Dupleix* – ont débarqué. C'était seulement un an après le début de la Restauration de Meiji au Japon, à une époque de transition entre un système féodal dirigé par des shoguns (dictateurs militaires) et un gouvernement impérial central qui, pour la première fois depuis des siècles, autorisait les Occidentaux à pénétrer sur le sol

1. Frédéric Nietzsche, *Aurore. Réflexions sur les préjugés moraux*, traduit par Henri Albert, Paris, Mercure de France, 1901, § 333.

japonais. Les habitants de Sakai voyaient un étranger pour la première fois, et le désarroi les saisit lorsque les soldats français commencèrent à se promener nonchalamment dans leurs temples sacrés et à batifoler avec les filles. Le comportement des marins français était exactement ce que l'on pouvait attendre d'un marin occidental du XIXe siècle en permission, mais les Japonais considéraient qu'il s'agissait d'un abominable manquement à la bienséance. Hashizume et ses hommes reçurent l'ordre de persuader les soldats français de remonter à bord, ce qui était pratiquement impossible en raison de la barrière de la langue. Frustrés, les soldats japonais passèrent à l'action : ils attrapèrent un Français et l'immobilisèrent en le garrottant. Pensant que c'était le début d'une confrontation, les Français s'enfuirent vers leurs bateaux, mais l'un d'eux, dans sa course, vola un drapeau militaire japonais au passage. Le porte-drapeau japonais, un pompier nommé Umekichi, se précipita sur le voleur de drapeau français et lui donna un coup de hache qui lui fendit la tête. En représailles, les Français commencèrent à tirer au pistolet sur Umekichi. Hashizume et ses compagnons d'armes épaulèrent leurs fusils et ripostèrent. Les Français, dont l'unique idée avait été d'explorer la ville (et d'accoster les femmes locales), étaient largement inférieurs en nombre et en armement. Ils n'étaient pas du tout préparés à se battre. Après une brève volée de balles, les Japonais avaient tué seize soldats français.

Compte tenu des relations nouvelles et encore précaires entre les deux pays, les diplomates des deux camps s'empressèrent de calmer les esprits pour éviter une nouvelle effusion de sang. Les Français insistèrent pour que l'armée japonaise soit tenue pour responsable des morts.

Ils exigèrent des excuses officielles, une indemnisation de 150 000 dollars et l'exécution des vingt soldats japonais auteurs du massacre.

Les soixante-treize soldats impliqués dans l'incident furent interrogés, et vingt-neuf d'entre eux admirent qu'ils avaient eu recours à leurs armes. Ces vingt-neuf hommes étaient d'accord pour être exécutés en l'honneur de leur empereur. Comme les diplomates français n'en avaient demandé que vingt, les soldats se rendirent dans un temple où ils tirèrent à la courte paille pour déterminer qui devait mourir. Hashizume fut choisi. Les neuf soldats qui n'avaient pas été retenus étaient déçus. Ils protestèrent contre leur sort, exigeant d'être exécutés aux côtés de Hashizume et de leurs compagnons d'armes. Leur demande fut rejetée.

C'est à ce moment de l'histoire que surgit la question de la meilleure voie morale à suivre, entièrement conditionnée par votre milieu culturel.

Si Hashizume et les autres soldats condamnés à mort acceptaient leur destin, même avec ferveur et enthousiasme, ils rejetaient l'accusation d'avoir violé un quelconque code militaire. Après tout, c'étaient les Français qui avaient tiré les premiers. Ce qu'ils voulaient, c'était une modification de leur peine : mourir par suicide rituel – *seppuku* – au lieu d'être exécutés. Ce faisant, ils seraient élevés au rang de samouraïs – le but ultime de tout fantassin. Cette demande leur fut accordée, ce qui, aux yeux des autorités japonaises, était une occasion d'humilier subrepticement les Français et de faire pleuvoir des honneurs – et non des châtiments – sur leurs soldats condamnés.

Le 16 mars 1868, Hashizume et les dix-neuf autres, en tenue cérémonielle – hakama blanc et haori noir – furent transportés sur des palanquins sous escorte de centaines de soldats jusqu'à un temple bouddhiste où un dernier repas de poisson et de saké leur fut servi. Des dignitaires des deux nations étaient assis en face de l'endroit prévu pour le seppuku. Parmi eux se trouvait le commandant du *Dupleix*, Abel Nicolas Georges Henri Bergasse du Petit-Thouars, le haut fonctionnaire français chargé de vérifier que les Japonais respecteraient leur engagement.

Un à un, les soldats s'avancèrent jusqu'audit endroit, où ils s'agenouillèrent calmement sur un tatami et plongèrent leur sabre dans leur ventre, sectionnant l'artère mésentérique supérieure de leur abdomen. À l'agonie, leur tête se courba, et un assistant les décapita. Le seppuku est une pratique ancienne, formalisée au cours de sept cents ans d'histoire des samouraïs. C'était la première fois qu'un non-Japonais en était le témoin, et Dupetit-Thouars en fut pour le moins choqué. Selon certains récits, il se leva à plusieurs reprises pendant la cérémonie, impressionné par le calme incroyable de ces hommes en train de s'éventrer. Hashizume était le douzième sur la liste et, alors qu'il était sur le point de se livrer au rituel, Dupetit-Thouars demanda l'arrêt de la cérémonie, car, déclara-t-il, la dette avait été payée. Il regroupa alors les autres dignitaires français, et ils se retirèrent précipitamment à bord de leur navire.

Hashizume se sentit quant à lui frappé par un immense déshonneur. On lui refusait une mort juste, et la chance d'honorer son empereur et de s'en montrer digne. Alors que, du point de vue de Dupetit-Thouars, le sursis était un acte de miséricorde, Hashizume y voyait exactement le contraire. Quelques jours plus tard, les neuf samouraïs restants apprirent que Dupetit-Thouars avait demandé la révocation de leur condamnation à mort. Ce fut un tel choc pour Hashizume qu'il se coupa la langue avec ses dents dans l'espoir de se vider de son sang. Pour lui et les autres hommes, la clémence de Dupetit-Thouars était un sort pire que la mort[1].

Examinons les questions morales que cette histoire soulève. Était-il justifié, en premier lieu, que les Français exigent l'exécution de soldats japonais en paiement pour le meurtre de leurs soldats ? Le système du talion est-il moral ? Ou bien des exécutions autorisées par l'État sont-elles intrinsèquement barbares et amorales ? Dupetit-Thouars a-t-il fait preuve de miséricorde en interrompant la cérémonie ? Dans l'affirmative, aux yeux de qui fut-il miséricordieux ? Les soldats japonais qui furent épargnés n'auraient certainement pas parlé de miséricorde. Viser l'honneur par le suicide relève-t-il d'un code moral anachronique ? Comme le montre cette histoire, les réponses à ces questions morales varient en fonction de la personne interrogée, de l'endroit d'où elle vient et de l'époque dans laquelle les événements prennent place. La morale, si elle n'est pas toujours totalement arbitraire, est en grande partie déterminée par la culture.

Le fait que le contexte socioculturel et historique ait une telle influence sur ce que nous considérons comme un comportement correct ou incorrect suggère que notre sens moral n'est pas un code monolithique

---

1. Pour une description de l'incident de Sakai, lire Doris G. Bargen, *Suicidal Honor. General Nogi and the Writings of Mori Ogai and Natsume Soseki*, Honolulu, University of Hawaii Press, 2006.

qui nous serait conféré par des forces extérieures et métaphysiques. Il semble plutôt s'agir d'un ensemble de prescriptions héritées auxquelles la culture apporte des modifications. Si cela est juste, alors notre capacité morale est le produit de la sélection naturelle au même titre que n'importe quel autre trait cognitif. C'est du moins ce que pensent les scientifiques qui étudient le comportement animal. Le primatologue Frans de Waal a consacré de nombreux ouvrages remarquables à la complexité sociale chez les animaux et a popularisé l'idée qu'il fallait envisager l'évolution de la moralité humaine par une approche ascendante. Dans cette perspective, la morale humaine (y compris la religiosité) ne nous est pas transmise par un ou plusieurs dieux. Elle ne découle pas non plus exclusivement d'une réflexion de haut niveau sur la nature du bien et du mal. Il s'agit plutôt d'une manifestation naturelle (façonnée par l'évolution), d'un comportement et d'une cognition communs à tous les animaux sociaux. « La loi morale n'est pas imposée d'en haut ou dérivée de principes mûrement réfléchis, écrit de Waal dans *The Bonobo and the Atheist*, elle découle plutôt de valeurs enracinées qui existent depuis le début des temps[1]. »

Considérons, par exemple, comment d'autres espèces de primates nourries de valeurs anciennes et enracinées feraient face à un conflit social du type de l'incident de Sakai. Prenons le macaque à queue courte, un singe de l'ancien monde qui vit de l'autre côté de la mer,

1. Frans de Waal, *The Bonobo and the Atheist. In Search of Humanism Among the Primates*, New York, W. W. Norton, 2013. Traduit de l'américain par Françoise et Paul Chemla, *Le Bonobo, Dieu et nous. À la recherche de l'humanisme chez les primates*, Paris, Les Liens qui libèrent, 2013.

au Japon, en Asie du Sud-Est. Les conflits font partie intégrante de son monde social, comme de celui de la plupart des primates. Les combats déterminent qui est le chef et où chacun se situe dans l'échelle sociale. Les macaques à queue courte vivent en groupes qui peuvent compter jusqu'à soixante individus, le mâle alpha étant le principal protecteur du groupe et celui qui a le droit exclusif de s'accoupler avec les femelles et d'engendrer une progéniture. Mais il arrive que les mâles alpha soient défiés par des mâles plus jeunes, auquel cas ils doivent affirmer leur domination. Imaginons donc un scénario hypothétique dans lequel un jeune mâle s'aventure jusqu'à l'endroit où le mâle alpha est en train de toiletter une femelle. Le jeune mâle s'assied et commence à passer ses doigts dans la fourrure de la femelle, à la recherche d'acariens. Compte tenu de son statut, c'est l'alpha qui a la priorité pour le toilettage de cette femelle, et il ne peut donc pas tolérer cette intrusion. L'alpha réprimande le jeune mâle précoce en lui donnant une tape sur la tête. Pour se faire pardonner, le jeune mâle se retourne pour présenter son arrière-train au mâle alpha et remue ses fesses près de son visage. L'alpha reconnaît qu'il s'agit d'un acte de contrition et saisit les fesses du jeune mâle : il les étreint pendant quelques instants. C'est le signe que leur relation s'est rétablie et que tout va bien. La leçon à retenir est que les deux animaux savaient qu'une règle avait été violée et qu'il fallait faire quelque chose pour mettre au clair qui était le patron[1].

1. Pour une description de ce comportement, voir Frans de Waal et Ren Mei Ren, « Comparison of the reconciliation behavior of stumptail and rhesus macaques », *Ethology*, 78, 1988, p. 129-142.

Les animaux sociaux (comme les macaques) vivent selon des codes qui dictent comment ils doivent ou ne doivent pas se comporter dans leur monde social. Les scientifiques appellent ces codes des *normes* animales. Les actions des humains sont également guidées par des normes, comme nous allons l'apprendre, mais les humains disposent également de codes supplémentaires, visant à la même fin, sous la forme d'une morale. Contrairement aux normes, la morale nous dit non seulement que nous devons nous comporter de telle ou telle manière, mais aussi *pourquoi* nous devons le faire. Hashizume pensait qu'il devait se faire seppuku *parce que* cela honorait l'empereur et lui permettait de mourir en samouraï, par exemple. Dupetit-Thouars pensait qu'il devait interrompre l'exécution *parce qu*'elle créait des souffrances inutiles. Contrairement aux normes, qui sont des règles tacites fonctionnant en arrière-plan, les positions morales ont été explicitement examinées, évaluées et décidées par l'individu, la société ou la culture, ou peut-être même par nos dieux.

Le présent chapitre s'emploie à montrer comment les compétences cognitives humaines que nous avons évoquées jusqu'à présent – comme la spécialisation du pourquoi, la sagesse de la mort, la théorie de l'esprit – ont modelé le sens moral humain à partir de la normativité animale, comme on tire une statuette de l'argile. Mais je montrerai également que ce sont en fait les animaux qui détiennent généralement la position éthique la plus élevée, tout incapables qu'ils sont de penser pleinement la morale humaine. Voyez-vous, le raisonnement moral humain conduit souvent à plus de mort, de violence et de destruction que ne le fait le comportement normatif des animaux non humains. C'est pourquoi la morale humaine, comme je l'affirme, est catastrophique.

Pensez à la façon dont l'incident de Sakai aurait pu être résolu dans le cadre d'une justice réparatrice de type macaque. Imaginez que les Français aient reconnu que les Japonais avaient le droit de protéger leur village en raison de leur statut de mâle alpha et que c'était Dupetit-Thouars qui aurait dû offrir réparation pour le mauvais comportement de ses troupes pendant leur permission à terre. Sous le regard des samouraïs assis autour du pavillon extérieur, Dupetit-Thouars, en tenue militaire, se serait approché de Hashizume, lui-même agenouillé, et se serait accroupi devant lui, les fesses en l'air. Hashizume se serait alors saisi des fesses de Dupetit-Thouars et les aurait tenues fermement dans ses mains pendant quelques minutes, tandis que tout le monde dans l'assemblée aurait hoché la tête en signe d'assentiment. Personne n'aurait eu à mourir. Il n'y aurait pas eu de question d'honneur ou de châtiment motivé par des considérations politiques. Il n'y aurait eu que la réconciliation et l'image réconfortante d'un samouraï étreignant les fesses d'un Français.

Fesses en l'air

Tous les animaux, y compris les humains, semblent suivre, pour vivre et pour mourir, des règles implicites, non examinées et non exprimées. Les scientifiques et les philosophes utilisent le mot « normes » pour désigner les règles implicites qui déterminent les comportements autorisés ou attendus dans le monde social d'un animal. Les philosophes Kristin Andrews et Evan Westra, de York

University, utilisent le terme de « régularité normative » pour décrire le type de système fondé sur des normes régissant les sociétés animales, qu'ils définissent comme « un modèle de conformité comportementale socialement entretenu au sein d'une communauté[1] ».

Quiconque passe du temps à observer les animaux repère facilement ces modèles de conformité mis en évidence par Andrews et Westra. Mes poulets, par exemple, ont des schémas de comportement clairs quant à lequel d'entre eux aura accès en premier aux spaghettis que je jette par-dessus leur clôture. Shadow, qui est haut placé dans la hiérarchie, est toujours le premier à attraper la nourriture que je jette. Dr Becky, quant à lui, se situe au bas de l'échelle sociale et se tient à la périphérie du groupe. Si Dr Becky essaie de se frayer un chemin pour attraper des spaghettis avant son tour, il se fera becqueter par Shadow. Dr Becky aura enfreint la norme qui détermine celui qui doit manger le premier. Mes poulets ont un système pour déterminer ce que les uns et les autres doivent ou ne doivent pas faire s'agissant de l'ordre à respecter pour manger (et les conséquences de la violation de ces normes) afin de maintenir des modèles de conformité (c'est-à-dire l'ordre de passage) pour le groupe.

Westra m'a expliqué par courriel que les normes ne sont pas synonymes de règles ; car, « dans la pratique, il est assez difficile de dire quelle règle – s'il y en a une – un

---

1. J'ai découvert cette définition pour la première fois dans une présentation de Westra lors de la conférence en ligne de juin 2021 organisée par Andrews et Westra et intitulée *Normative Animals Online Conference*. Elle figurera dans un prochain article d'Andrews et Westra intitulé « A New Framework for the Psychology of Norms ».

animal suit réellement lorsqu'il se comporte d'une certaine manière », et « un certain nombre de philosophes et de spécialistes des sciences cognitives pensent en fait que le ressenti compte plus que les règles dans le bon fonctionnement des normes sociales ». La violation des normes a souvent pour conséquences l'assaut d'émotions négatives (tant pour le contrevenant que pour le dominant), et parfois une punition active. Les animaux ressentent une pression pour se conformer aux normes, qui se manifeste par de l'anxiété, de l'inconfort ou même de la colère si une norme est violée. Les violations de normes entraînent généralement des comportements qui contribuent à rétablir le statu quo pour faire disparaître ces émotions négatives, comme les coups de bec que Shadow donne à Dr Becky ou la technique de réconciliation par serrage de fesses privilégiée par les macaques. La pression exercée sur les animaux pour qu'ils se conforment aux normes et les conséquences qu'ils subissent en cas de violation de ces normes sous la forme d'émotions négatives sont ce qui maintient la structure sociale de toutes les sociétés animales.

Les animaux tels que les poulets n'ont pas besoin d'une cognition complexe pour que des normes sociales se mettent en place et guident leurs actions par le biais d'émotions négatives. Les poulets n'ont pas besoin de théorie de l'esprit pour deviner ce que les autres poulets pourraient savoir du bon ordre du picorage. Mes poulets n'ont pas non plus besoin d'inférence causale pour méditer sur les raisons pour lesquelles Dr Becky devrait attendre de manger en dernier, ni savoir si cela est juste ou équitable. La plupart des normes fonctionnent de la sorte pour les animaux : ce sont des modèles de comportement guidés par des émotions qui ne sont pas prises en compte autrement. En fait, la plupart des normes fonctionnent également de cette manière pour les humains.

Le comportement humain est régi par des normes que nous intériorisons, mais qui ne font pas l'objet d'un enseignement explicite. Parce qu'elles ne sont ni analysées ni enseignées, et qu'elles ne sont donc pas encadrées par des idées de bien/mal ou de juste/injuste, elles ne sont pas élevées au niveau de la morale. Prenons l'exemple de la norme relative appliquée à la question de savoir s'il est acceptable d'essuyer le visage d'autrui. Il y a de fortes chances pour que vous viviez dans une société où il serait inacceptable de s'approcher d'un étranger dans la rue, une serviette à la main, et d'essuyer une trace de nourriture au coin de sa bouche. Il s'agit d'un comportement plutôt intime que nous réservons à nos enfants et à nos proches, voire à un ami intime, mais auquel nous ne nous livrons jamais sur des inconnus. Personne ne vous a appris cette règle de l'essuyage du visage, mais vous la respectez tout de même. Et il y a de fortes chances pour que vous n'y ayez jamais pensé avant aujourd'hui, ce qui prouve que vous l'aviez intériorisée avant même que je ne la mentionne. Mais vous vous sentiriez tout simplement mal à l'aise si vous faisiez le geste d'essuyer le visage d'un étranger avec une serviette de table. C'est la nature classique d'une norme : une règle tacite qui guide votre comportement en agissant sur vos émotions.

Il existe de nombreux types d'émotions présentes dans l'esprit des animaux (et bien sûr des humains) qui contribuent à générer un comportement normatif.

Certaines sont bien plus complexes qu'un simple sentiment d'inconfort[1]. Prenons par exemple l'émotion de l'*équité*. Lorsque des scientifiques ont scanné le cerveau de personnes invitées à prendre une décision sur la façon de distribuer de la nourriture à des enfants affamés, les régions du cerveau impliquées dans la réponse émotionnelle – le cortex insulaire – ont été activées lorsque la nourriture était distribuée de manière inéquitable[2]. « Étant donné l'implication du cortex insulaire dans les émotions et les jugements d'équité, déclara l'auteur principal, Ming Hsu, à *ABC News*, nous concluons que des émotions sous-tendent les jugements d'équité[3]. » En d'autres termes, la justice et l'équité ne sont pas des jugements

1. Certains philosophes et spécialistes du comportement animal appliquent le terme « moral » aux animaux qui s'appuient sur ces sentiments/émotions plus sophistiqués pour parvenir à des normes comportementales. Dans le livre *Wild Justice*, l'éthologue cognitif Marc Bekoff et la philosophe Jessica Pierce citent l'altruisme, la tolérance, le pardon et l'équité comme des sentiments qui guident le comportement normatif des animaux et qui, selon eux, sont suffisamment complexes pour être élevés au rang de moralité : Marc Bekoff et Jessica Pierce, *Wild Justice. The Moral Lives of Animals*, Chicago, University of Chicago Press, 2009. Le philosophe Mark Rowlands affirme dans son livre *Can Animals Be Moral ?* que « les animaux peuvent agir moralement dans le sens où ils peuvent agir sur la base d'émotions morales ». Ces émotions morales comprennent le sens de l'équité décrit par Brosnan et de Waal pour les macaques, « la sympathie et la compassion, la gentillesse, la tolérance et la patience, ainsi que leurs contreparties négatives telles que la colère, l'indignation, la malveillance et la rancune ». Mark Rowlands, *Can Animals Be Moral ?*, Oxford, Oxford University Press, 2015.

2. Ming Hsu, Cédric Anen et Steven R. Quartz, « The right and the good : distributive justice and neural encoding of equity and efficiency », *Science*, 320(5879), 2008, p. 1092-1095.

3. Steven Reinberg, « Fairness is a hard-wired emotion », *ABC News*, 2008. abcnews.go.com/Health/Healthday/story?id=4817130etpage=1.

moraux de haut niveau dans le cerveau humain, mais des normes guidées par des émotions actives à la périphérie de notre conscience. C'est pourquoi il n'est pas surprenant de constater que la justice et l'équité sont présentes dans l'esprit d'autres animaux.

C'est Sarah Brosnan et Frans de Waal qui ont imaginé ce qui est peut-être l'expérience la plus célèbre démontrant l'existence du sens de la justice chez les animaux. Ils ont testé la sensibilité d'un groupe de singes capucins à l'inégalité sociale en leur offrant différentes récompenses alimentaires en contrepartie de l'accomplissement d'une même tâche. Dans sa conférence TED de 2011, Frans de Waal a présenté au public une vidéo montrant deux singes femelles (Lance et Winter) dans des cages côte à côte. Un chercheur place une pierre dans la cage de Lance, qui la rend au chercheur et reçoit une tranche de concombre en guise de récompense. Le chercheur place ensuite une pierre dans la cage de Winter, qui la rend et reçoit du raisin en récompense. Les capucins préfèrent de loin les raisins aux concombres, et Lance observe cet échange avec intérêt. Le chercheur place à nouveau un caillou dans la cage de Lance et lui donne à nouveau un concombre en échange. Lance le goûte, se rend compte qu'il s'agit d'un concombre et non de raisin, et le jette violemment sur le chercheur. Elle tape alors rageusement sur la table et fait trembler sa cage. Cela prouve que Lance a ressenti comme une injustice d'avoir reçu la récompense alimentaire la moins élevée pour la même tâche. Lance réagit à la violation d'une norme de justice.

Toutefois, cela ne signifie pas que Lance a nécessairement un sens moral. Il est clair que le sentiment de justice, qui conduit à des codes moraux, est le fondement de la justice humaine et des systèmes juridiques. C'est ce sentiment qui a poussé les Français et les Japonais à se comporter comme ils l'ont fait lors de l'incident de Sakai. Mais une notion subconsciente de justice ne traduit que faiblement le genre de complexité morale que l'on trouve, par exemple, dans le code des samouraïs. « C'est parce que les sentiments ne suffisent pas, soutient de Waal. Nous nous efforçons de construire un système logiquement cohérent et nous débattons entre nous sur la peine de mort, pour déterminer si son application entre en conflit avec les arguments en faveur du caractère sacré de la vie, ou sur la question de savoir si une orientation sexuelle non choisie peut être moralement répréhensible. Ces débats sont typiquement humains. C'est ce qui distingue la morale humaine : une progression vers des normes universelles combinées à un système élaboré de justice, de contrôle et de punition. »

À la différence des animaux, les êtres humains disposent de règles formelles et explicites sur le « bien » et le « mal », assorties de justifications élaborées et réfléchies[1]. Contrairement aux animaux, nous modifions constamment ce que nous considérons comme bien ou mal au fur et à mesure de l'évolution de nos cultures et de nos sociétés. Nous tirons ces idées formelles des discussions philosophiques et religieuses qui nous divisent sur la nature de la moralité et de

1. Frans de Waal, *The Bonobo and the Atheist : In Search of Humanism Among the Primates*, New York, W. W. Norton, 2013. Traduit de l'américain par Françoise et Paul Chemla, *Le Bonobo, Dieu et nous : à la recherche de l'humanisme chez les primates*, Paris, Les Liens qui libèrent, 2013.

l'éthique. Considérez les nombreuses raisons que nous pouvons invoquer pour expliquer pourquoi il est mal de manger du porc. Un responsable religieux pourrait, par exemple, affirmer qu'il est mal de manger du porc parce que la Bible le considère comme un animal « impur[1] ». Un philosophe abolitionniste – qui soutient que l'exploitation des animaux, quelle qu'elle soit, est intrinsèquement mauvaise – pourrait affirmer qu'il est mauvais de manger des porcs parce que les animaux non humains sensibles ont un droit inhérent à ne pas être traités comme des choses. Un législateur pourrait décider qu'il est permis de manger des porcs, mais seulement s'ils ont été abattus dans un abattoir agréé par un boucher autorisé, et que la viande a été traitée conformément aux codes sanitaires en vigueur. Tous ces systèmes moraux et juridiques désignant le bien et le mal (et les définitions du bien et du mal elles-mêmes) dépendent largement de la capacité de l'homme à retenir ces idées dans son esprit conscient et à les formaliser par le biais du langage.

Comment *Homo sapiens* a-t-il donc créé son système moral à partir des systèmes normatifs que l'on trouve chez d'autres animaux ? Des compétences cognitives telles que le langage sont-elles nécessaires ? Dans son livre *A Natural History of Human Morality*, le psychologue du développement Michael Tomasello décrit la morale humaine comme « une forme de coopération » apparue lorsque les humains se sont « adaptés à des formes d'interaction et d'organisation sociales nouvelles et propres à l'espèce », ce qui a fait d'*Homo sapiens*

1. Ancien Testament (Lévitique XI, 27).

un « primate ultracoopératif[1] ». Pour Tomasello, l'évolution de cette morale fondée sur la coopération ne s'est pas initialement appuyée sur le langage, mais plutôt sur les outillages avant-coureurs de la théorie de l'esprit. Il imagine une période de l'histoire de l'évolution humaine – antérieure à l'apparition de nos ancêtres que nous avons vus autour du lac Baringo dans le chapitre I – au cours de laquelle les hominidés anciens ont commencé à faire quelque chose de nouveau : chasser ensemble à deux. Pour chasser avec un partenaire, il faut imaginer que l'autre personne a le même objectif que soi (par exemple, tuer une antilope). Cette compréhension (appelée « intentionnalité conjointe ») des objectifs d'une autre créature est un outillage avant-coureur de la théorie de l'esprit (qui permet de percer à jour les croyances, et non pas seulement les objectifs). Il existe des éléments qui permettent d'affirmer que certaines espèces non humaines, comme les chimpanzés, s'engagent dans des pratiques de chasse qui impliquent ce genre d'intentionnalité conjointe[2]. Dans le scénario imaginé par Tomasello, le sentiment d'un « nous » se fait jour dans ces scénarios : chaque partenaire avait des attentes claires quant à la manière dont l'autre partenaire devait agir pour collaborer à la chasse à l'antilope. Des règles et des normes commencent à apparaître, qui aident ce « nous » à déterminer, par exemple, la bonne façon de partager la viande après un abattage afin que les deux

1. Michael Tomasello, *A Natural History of Human Morality*, Cambridge, Mass., Harvard University Press, 2016.
2. Christophe Boesch, « Joint cooperative hunting among wild chimpanzees : Taking natural observations seriously », *Behavioral and Brain Sciences*, 28(5), 2005, p. 692-693.

membres du « nous » soient équitablement récompensés pour leur contribution à la chasse.

C'est il y a 100 000 ans, lorsque les hommes ont commencé à se rassembler en groupes plus importants, que la phase suivante de l'évolution morale humaine a commencé : le passage de l'intentionnalité commune à l'« intentionnalité collective ». Le « nous » du duo de chasseurs s'est transformé, à un moment donné de l'histoire de notre évolution, en un « nous » de la tribu. Nos ancêtres se retrouvèrent capables de mieux deviner ce que pensaient les autres (grâce à une théorie de l'esprit pleinement développée) et pouvaient désormais utiliser le langage pour sonder les pensées des uns et des autres, et coordonner les comportements de chacun à grande échelle. Lorsque les groupes humains ont commencé à rivaliser (et à se battre) avec d'autres groupes humains, ce sens tribal du « nous » et du « eux » a engendré un nouvel ensemble de règles sur ce que les uns et les autres devaient faire s'ils voulaient rester membres du « nous ». On voit ici comment cette intentionnalité collective, associée au langage, devait engendrer des règles et des lois formelles régissant le comportement des individus au sein d'un grand groupe social.

Mais d'autres ingrédients que le langage et la théorie de l'esprit ont contribué à générer le sens moral humain au fur et à mesure que nos sociétés se développaient. Contrairement aux animaux, les humains peuvent réfléchir à la nature et à l'origine de ces émotions normatives qui surgissent de leur esprit et se demander non seulement d'où elles viennent, mais aussi et surtout pourquoi elles sont là. J'ose dire que la plupart des humains de cette planète ne seraient pas d'accord avec l'idée que les normes sont d'anciennes adaptations produites par la sélection naturelle qui sont partagées par de nombreuses espèces pour aider à réguler les interactions sociales. La plupart d'entre eux avanceraient que les normes qui génèrent notre comportement moral sont introduites dans nos esprits par une entité surnaturelle quelle qu'elle soit. Ou qu'il existe un code moral universel qui fait partie du tissu de l'existence, mais qui ne peut être envisagé que par notre espèce parce qu'elle seule possède les outils mentaux nécessaires pour le faire. Ces conclusions sont l'aboutissement naturel de notre nature de spécialiste du pourquoi. Si l'on associe ce questionnement à notre sagesse en matière de mort, on obtient la question « Pourquoi faut-il mourir ? », qui est intimement liée au problème de savoir comment nous devons nous comporter de notre vivant, au cas où notre comportement ici-bas aurait un impact sur ce qui nous arrivera dans l'au-delà. La réponse la plus courante à ces questions recourt à une explication religieuse, que ce soit le paradis et l'enfer, le samsara, etc. Même les explications non surnaturelles sur l'origine et la valeur de la moralité, et sur la manière de vivre une bonne vie sont toutes le fruit de la pensée de nos spécialistes du pourquoi. Depuis des millénaires, les philosophes élaborent des systèmes moraux formalisés pour guider notre comportement. Ces systèmes reposent tous sur l'application d'une pensée systémique au besoin de déterminer quels comportements sont bons ou mauvais, et pourquoi nous devrions choisir une action plutôt qu'une autre.

La particularité du comportement moral humain réside dans sa capacité à être formalisé, analysé, modifié et diffusé à grande échelle. Cette caractéristique nous donne, en théorie, une vision plus sophistiquée de la notion de bien et de mal que les animaux, qui se limitent à un ensemble fini d'émotions générant des normes comportementales (excluant donc tout ce qui est règles ou lois explicites) à une échelle beaucoup plus petite. On pourrait dire que ces particularités cognitives humaines ont fait de nous un animal moral avancé. Ou, comme l'écrit Tomasello, que l'homme est « le seul être moral ». Mais je pense que la façon dont les humains se comportent eu égard à leur pensée morale donne lieu à un comportement vraiment fou (du point de vue de l'évolution) et pourrait en fait nous rendre *moins* moraux que d'autres espèces. Si, en l'occurrence, nous définissons la *morale* comme la capacité à produire un comportement bénéfique et à minimiser la douleur et la souffrance. Pour illustrer ce point, il me suffit de lire les gros titres de la presse canadienne.

Il fallait détruire la ville pour la sauver

Sir John Alexander Macdonald, Premier Ministre du Canada, estimait que la culture occidentale blanche était supérieure à toutes les autres cultures et que l'intégration des peuples indigènes du Canada dans la société occidentale était une noble cause, voire un impératif moral. Sous sa direction, le gouvernement canadien adopta la loi sur les Indiens de 1876 définissant l'approche du gouvernement en matière d'assimilation des peuples des Premières nations à la culture européenne occidentale, et impliquant notamment l'interdiction des cérémonies religieuses et culturelles indigènes.

Mais le gouvernement estimait qu'il fallait un système plus proactif pour garantir une assimilation rapide. L'acculturation des jeunes indigènes devait donc être à la racine du processus. C'est dans cette optique que le système des pensionnats fut instauré en 1883 : il s'agissait de « séparer les enfants autochtones de leurs familles, afin de minimiser et d'affaiblir les liens familiaux et culturels, et d'endoctriner les enfants dans une nouvelle culture – la culture de la société canadienne euro-chrétienne dominante sur le plan juridique[1] ». Sir John Alexander Macdonald s'exprima ainsi sur la création des pensionnats lors d'un discours devant la Chambre des communes en 1883 :

> Lorsque l'école se trouve sur une réserve, l'enfant vit avec ses parents, qui sont des sauvages ; il est entouré de sauvages, et bien qu'il puisse apprendre à lire et à écrire, ses habitudes, son développement et sa manière de penser restent indiens. Il est, simplement, un sauvage qui sait lire et écrire. On m'a fortement recommandé, en tant que chef de ce département, de préserver le plus possible les enfants indiens de l'influence parentale, et la seule façon d'y arriver serait de les envoyer dans des écoles de formation industrielles et centralisées, dans lesquelles ils pourront acquérir les habitudes et les modes de pensées des hommes blancs.

Les pensionnats canadiens étaient financés par le gouvernement fédéral, mais gérés par les Églises, respectivement catholique romaine, anglicane, méthodiste,

1. Truth and Reconciliation Commission of Canada (2015), *Honouring the truth, reconciling for the future : Summary of the final report of the Truth and Reconciliation Commission of Canada*, Canada, McGill-Queen's University Press.

presbytérienne et unie du Canada. En 1896, il y avait quarante écoles dans tout le pays. Et en 1920, la fréquentation de l'école a été rendue obligatoire pour tous les enfants autochtones âgés de sept à seize ans. On ne compte plus les histoires déchirantes d'enfants âgés de quatre ou cinq ans arrachés de force à leur foyer et emmenés dans des pensionnats situés à des milliers de kilomètres. Isaac Daniels, rescapé de ce traumatisme, a raconté comment, en 1945, dans la réserve de James Smith, dans la Saskatchewan, un « agent indien » (un représentant du gouvernement fédéral) est venu un soir chez ses parents les menacer :

> Je ne comprenais rien, car je parlais cree. Le cree était la langue principale de notre famille. Mon père était en colère. Je le voyais montrer du doigt cet agent indien. Ce soir-là, lorsque nous sommes allés nous coucher - nous vivions dans une cabane d'une seule pièce -, j'ai entendu mon père dire à ma mère en cree (il pleurait un peu) : « C'est soit le pensionnat pour mes garçons, soit je vais en prison. » Il a dit cela en cree. Je l'ai donc compris. Le lendemain matin, nous nous sommes tous levés et j'ai dit : « Eh bien, je vais aller au pensionnat », parce que je ne voulais pas que mon père aille en prison.

À leur arrivée dans les écoles, les frères et sœurs étaient séparés (dans le but de les détacher encore davantage des liens familiaux), et il leur était interdit de parler leur langue maternelle. Les conditions de vie dans ces écoles étaient déplorables : elles étaient pleines de courants d'air, froides, exiguës, avec des installations sanitaires insuffisantes et un accès inadéquat à la nourriture et à l'eau. Les maladies étaient endémiques, tout comme les abus physiques et sexuels perpétrés par les responsables religieux et les employés divers. Selon un rapport gouvernemental, « l'incapacité à élaborer, à mettre en œuvre et à contrôler une discipline efficace envoyait le message implicite qu'il n'y avait pas de limites à ce qui pouvait être fait aux enfants autochtones à l'intérieur des murs d'un pensionnat. La porte avait été ouverte très tôt à un niveau effroyable d'abus physiques et sexuels sur les élèves, et elle est restée ouverte tout au long de l'existence du système[1] ».

Au cours de l'année scolaire 1956-1957, les pensionnats ont connu un pic d'inscriptions de 11 539 enfants. Au total, 150 000 enfants ont fréquenté les pensionnats au Canada jusqu'à la fermeture de la dernière école, en 1996. Au cours de la centaine d'années qu'a duré le système des pensionnats, le nombre d'enfants qui y sont décédés s'est élevé à au moins 3 200. La tuberculose provoqua la plupart des décès dont la cause fut indiquée, mais pour la majorité des décès (51 %), aucune cause spécifique ne fut enregistrée. Les taux de mortalité et de morbidité pour les diverses maladies dans les pensionnats dépassaient de loin les moyennes nationales de l'époque. Les corps des enfants décédés dans ces écoles étaient rarement renvoyés à leur famille. Au lieu de cela, ils étaient ensevelis directement sur le terrain de l'école, dans des tombes souvent non marquées.

Les horreurs du système canadien des pensionnats pour Indiens ont été mises à nu dans un rapport de 2015 de

1. Truth and Reconciliation Commission of Canada (2015), *Honouring the truth, reconciling for the future : Summary of the final report of the Truth and Reconciliation Commission of Canada*, Canada, McGill-Queen's University Press.

la Commission Vérité et Réconciliation (CVR). La CVR a été créée dans le cadre d'un accord négocié à la suite d'une action collective intentée avec succès contre le gouvernement fédéral canadien par un groupe de plus de sept mille rescapés des pensionnats. Selon le rapport de la CVR, le gouvernement canadien a poursuivi l'objectif de génocide culturel dès ses premières interactions avec les peuples indigènes du Canada. Le rapport de la CVR note qu'« il n'était pas rare de trouver, dans les rapports annuels des directeurs, l'indication qu'un certain nombre d'élèves étaient décédés au cours de l'année précédente, mais sans précision de leur nom ». Lorsque les écoles ont finalement fermé leurs portes, les corps de ces enfants anonymes ont été oubliés. Après des décennies de supplications de la part des Premières nations, ce n'est qu'aujourd'hui que les sites font l'objet d'une enquête et que les corps (et les noms) de ces enfants sont enfin restitués.

Le 27 mai 2021, un spécialiste des géoradars travaillant pour la Première nation Tk'emlúps te Secwépemc de Kamloops, en Colombie-Britannique, publia un rapport préliminaire faisant état des restes de deux cent quinze enfants découverts sur le terrain de l'ancien pensionnat indien de Kamloops. Un mois plus tard, sept cent cinquante et une tombes non marquées ont été découvertes sur l'ancien site du pensionnat indien de Marieval, dans la Saskatchewan. Au cours de l'été 2021, les médias canadiens révélèrent les atrocités commises dans ces pensionnats. Les Tk'emlúps te Secwépemc de Kamloops ont obtenu la vérité : le gouvernement de l'époque – en étroite collaboration avec un certain nombre d'Églises chrétiennes – a été déclaré responsable d'un génocide culturel.

Ces atrocités sont, à la base, le fruit d'un raisonnement moral. Pour Sir John Alexander Macdonald, les pensionnats relevaient d'un impératif moral : ils étaient la meilleure solution pour amener les enfants autochtones à se conformer aux valeurs occidentales modernes. Les Églises obéissaient à un impératif similaire, qui découlait toutefois directement de leur interprétation des Écritures. Dans le Nouveau Testament, Jésus parle à ses disciples du souhait de Dieu de répandre la nouvelle de ses enseignements. Dans Matthieu, XXVIII, 19-20, Jésus dit : « Allez donc, de toutes les nations faites des disciples, baptisez-les au nom du Père, du Fils et du Saint-Esprit et enseignez-leur à mettre en pratique tout ce que je vous ai prescrit. » L'œuvre missionnaire qui a débuté au Canada au XVIIe siècle et qui s'est poursuivie dans les pensionnats jusqu'à leur fermeture en 1996 était fondée sur ces commandements divins. Prenons les mots du révérend Samuel Rose, directeur du pensionnat de Mount Elgin, sur la nécessité de rompre les liens que ses jeunes élèves chippewas entretenaient avec leur culture :

> Cette classe doit donner naissance à une génération qui, soit perpétuera les mœurs et coutumes de ses ancêtres, soit, étant intellectuellement, moralement et religieusement élevée, prendra place parmi les nations améliorées et intelligentes de la terre et jouera son rôle dans le grand drame de l'histoire du monde ; soit, faute des qualifications nécessaires pour prendre sa place et jouer son rôle, elle sera méprisée et écartée de la scène de l'action et cessera d'être[1] !

1. Elizabeth Graham, *The Mush Hole. Life At Two Indian Residential Schools*, Waterloo, Ontario, Heffe Publishing, 1997.

Tel est le raisonnement moral divin qui a justifié le génocide culturel.

Toutes les Églises impliquées dans les programmes de pensionnats au Canada ont présenté leurs excuses pour avoir participé à cette pratique horrible. L'Église catholique, qui a géré 70 % des pensionnats, a attendu avril 2022 pour présenter ses excuses, ce qu'elle a fait après que des délégués des Premières nations, des Inuits et des Métis se sont rendus à Rome pour demander au pape François de reconnaître le rôle de l'Église dans le système canadien des pensionnats et de présenter des excuses. On ne peut que spéculer sur les raisons de l'hésitation de Rome à présenter des excuses, mais il se pourrait bien que l'Église ne pense pas avoir fait quoi que ce soit de mal. C'est d'ailleurs ce qu'affirment certains responsables. Après la découverte des corps d'enfants dans l'enceinte du pensionnat de Kamloops, un prêtre catholique de Mississauga, en Ontario, a publié sur YouTube une vidéo d'un de ses sermons, dans lequel il déclare : « Les deux tiers du pays accusent l'Église, que nous aimons, d'être responsable des tragédies qui se sont produites [à Kamloops]. Je suppose que le même nombre de personnes remercierait l'Église pour le bien qu'elle a réalisé dans ces écoles, mais, bien sûr, cette question n'a jamais été posée, et nous ne sommes même pas autorisés à dire que du bien y a été fait[1]. »

Cet exemple souligne la sombre réalité de la morale humaine : en tant qu'espèce, nous pouvons justifier, sur la base de raisons morales, un génocide. Et pas

1. cbc.ca/news/canada/toronto/mississauga-pastor-catholic-church-residential-schools-1.6077248.

seulement un génocide culturel, mais le meurtre de populations entières et de groupes raciaux, y compris d'enfants. Lors du procès de Nuremberg des criminels de guerre nazis, le chef SS Otto Ohlendorf a calmement exposé les raisons qui le rendaient légitime à superviser le meurtre de milliers d'enfants juifs : « Je crois que c'est très simple à expliquer si l'on part du fait que l'ordre [du Führer] ne visait pas seulement à assurer la sécurité, mais une sécurité *permanente*, de peur que les enfants ne grandissent et qu'inévitablement, étant les enfants de parents qui avaient été tués, ils ne constituent un danger non moins grand que celui des parents[1]. » En d'autres termes, pour assurer la sécurité des générations futures d'Allemands, il fallait éliminer les enfants juifs de peur qu'en grandissant, ils n'en veuillent aux nazis d'avoir assassiné leurs parents. Il s'agit d'une position morale logique dans la mesure où elle vise à réduire la douleur et la souffrance de la société à long terme, mais elle est si incroyablement répugnante et horrible que nous reculons encore d'horreur devant la capacité des nazis à justifier leurs actes.

De nombreux responsables politiques et religieux ont cru, dès la création des pensionnats canadiens, qu'ils étaient une force du bien. Que les épreuves et la mort des enfants indigènes en valaient la peine en fin de compte. Les propos de Duncan Campbell Scott, surintendant général adjoint des Affaires indiennes de 1913 à 1932, sur la valeur de ces écoles, font froid dans le dos :

1. Robert Wolfe, « Putative threat to national security as a Nuremberg defense for genocide », *The Annals of the American Academy of Political and Social Science*, 450(1), 1980, p. 46-67.

> Il est de notoriété publique que les enfants indiens perdent leur résistance naturelle à la maladie du fait de la très grande promiscuité dans laquelle ils vivent dans ces écoles et que leur taux de mortalité est bien plus élevé que dans leurs villages. Mais cela ne justifie pas un changement dans la politique de ce département, qui est orienté vers la solution finale de notre problème indien[1].

Ce type de raisonnement moral n'est possible qu'avec une cognition de type humain. En revanche, le comportement des animaux au sein du groupe social d'une espèce donnée – guidé par la normativité – est en général beaucoup moins violent et destructeur, comme je le montrerai dans la section suivante. Bien qu'il existe des exemples d'infanticides chez les animaux (comme chez nos cousins grands singes ou chez les dauphins) ou de violence à l'intérieur du groupe pouvant aller jusqu'à la mort d'individus, les animaux n'ont pas la capacité cognitive de tuer systématiquement des sous-groupes entiers de leur espèce en brandissant l'argument de leur autorité morale.

La sagesse des albatros gays

En dehors des humains, le meilleur (le pire ?) exemple de violence répugnante au sein d'une même espèce se trouve chez les chimpanzés. Comparés aux autres grands singes non humains, les chimpanzés sont notoirement assoiffés de sang. Je dis cela littéralement. Les groupes

1. D'Arcy Rheault, *Solving the « Indian Problem » : Assimilation Laws, Practices and Indian Residential Schools*, Ontario Metis Family Records Center, 2011.

de chimpanzés rivaux qui défendent leur territoire s'engagent dans des combats ouverts au cours desquels ils se battent parfois à mort. Mais ils mènent également des raids clandestins en territoire ennemi et ciblent les mâles rivaux à tuer. Dans le livre *Demonic Males. Apes and the Origins of Human Violence*, le primatologue Richard W. Wrangham et l'écrivain scientifique Dale Peterson notent que ces raids sont « marqués par une cruauté gratuite – arracher des morceaux de peau, par exemple, tordre les membres jusqu'à ce qu'ils se cassent et boire le sang de la victime – qui rappelle les actes qui, chez les humains, sont considérés comme des crimes indicibles en temps de paix et des atrocités en temps de guerre[1] ».

La primatologue Sarah Blaffer Hrdy décrit la nature violente des chimpanzés dans les premières pages de son livre de 2011 *Mothers and Others*[2]. Les humains, note-t-elle, peuvent passer des heures entassés dans un avion sans recourir à la violence, même lorsqu'ils sont confrontés à des passagers impolis et à des bébés qui pleurent. « Et si je voyageais avec une cargaison de chimpanzés ? demande-t-elle. N'importe lequel d'entre nous serait chanceux de débarquer avec ses dix doigts et orteils, qui n'auraient pas été arrachés, avec un bébé qui respire encore et non mutilé. Les allées seraient jonchées de lobes d'oreille et autres appendices ensanglantés. » En d'autres termes, les chimpanzés sont terriblement violents et souvent franchement meurtriers, et ils s'infligent cela les uns aux autres.

1. Richard W. Wrangham et Dale Peterson, *Demonic Males. Apes and the Origins of Human Violence*, Boston, Houghton Mifflin Harcourt, 1996.
2. Sarah B. Hrdy, *Mothers and Others. The Evolutionary Origins of Mutual Understanding*, Cambridge, Mass., Harvard University Press, 2011.

Mais même ce comportement est dérisoire par rapport au type de violence dont font preuve les humains et que notre raisonnement moral justifie. Aucun rapport ne fait état de chimpanzés en train de tuer tous les individus (mâles et femelles, jeunes et nouveau-nés) d'un groupe rival ; la règle comportementale tacite ou la norme que les chimpanzés suivent lorsqu'ils se battent est de ne supprimer que quelques individus choisis (généralement les mâles adultes) dans le but de rendre le groupe rival moins menaçant. Peut-être que, si les chimpanzés avaient des capacités cognitives semblables à celles des humains, leur permettant d'ériger leurs normes en système moral, ces raids seraient beaucoup plus étendus et destructeurs. Mais ce n'est pas le cas. En revanche, lorsque les humains partent au combat, ils justifient le meurtre de tous les non-combattants (y compris d'enfants) de villes entières si cela sert l'objectif plus important (moralement défendable) de gagner la guerre afin d'instaurer la paix. C'est ainsi que l'on en est arrivé à la fameuse phrase « Il fallait détruire la ville pour la sauver », prononcée par un major de l'armée américaine pour justifier le bombardement de Bến Tre pendant la guerre du Viêt Nam, malgré la présence d'enfants dans la ville[1]. Comme tant de décisions humaines, la décision de l'armée de tuer des civils découle de notre capacité unique de formaliser, d'analyser, de réviser et de diffuser un comportement normatif à grande échelle, soit une compétence dont les chimpanzés sont dépourvus, et qui explique pourquoi même nos cousins animaux les plus violents

1. Associated Press (8 février 1968), Major describes moves, Associated Press.

sont encore moins violents que nous. S'il est tout à fait vrai que la capacité humaine de coopération est la raison pour laquelle, comme l'affirme Sarah Blaffer Hrdy dans *Mothers and Others*, « Il est beaucoup plus difficile pour les humains que pour les chimpanzés de commettre des meurtres en face à face » et pourquoi, malgré 1,6 milliard de passagers aériens chaque année, « aucun démembrement n'a encore été signalé », c'est également cette capacité humaine de coopération qui donne aux humains (à la différence des chimpanzés) la possibilité de bombarder les enfants de Bến Tre et d'établir des pensionnats pour les indigènes[1].

Je tiens à présent, toujours pour démontrer que c'est leur capacité complexe de raisonnement moral qui pousse souvent les humains à adopter des normes comportementales inutilement violentes, à parler de la réception de l'homosexualité. Dans l'introduction de son livre *Biologie de l'homosexualité*, le biologiste Jacques Balthazart écrit que « l'homosexualité chez l'homme est dans une très large mesure, sinon exclusivement, déterminée par des facteurs biologiques agissant avant ou peu après la naissance ». En d'autres termes, l'orientation sexuelle des individus est largement déterminée à la naissance. Il parvient à cette conclusion en étudiant les comportements sexuels entre individus de même sexe chez les animaux, où une montagne de preuves montre que non seulement l'homosexualité n'est pas propre à l'homme, mais qu'elle est plutôt la norme pour la plupart des espèces animales. Les scientifiques qui étudient le comportement et

1. Sarah B. Hrdy, *Mothers and Others*, Cambridge, Mass., Harvard University Press, 2011.

la biologie des animaux n'en sont pas à leur coup d'essai, et c'est pourquoi Balthazart écrit : « Les scientifiques qui liront ce livre se diront : “Nous avons déjà entendu tout cela...” Mais d'une manière ou d'une autre, ces informations n'ont pas fait leur chemin hors du laboratoire ou n'ont pas été présentées de manière suffisamment claire pour influencer l'opinion de la population générale sur le sujet. »

Il a raison. Je suis surpris par le nombre de personnes à qui je parle du comportement animal et qui sont choquées de voir à quel point le comportement homosexuel est courant dans le règne animal. Je renvoie souvent les gays sceptiques à l'ouvrage *Biological Exuberance* de Bruce Bagemihl (1999) : il y présente plus de trois cents espèces animales différentes qui adoptent toute une série de comportements relevant de l'homosexualité. Ces comportements vont des relations sexuelles entre individus du même sexe à l'affection, en passant par des liens de couple et l'éducation conjointe d'enfants. Il peut sembler étrange que l'homosexualité soit si répandue, étant donné que l'évolution est basée sur la nécessité pour les animaux de produire une progéniture. Ce sujet est souvent abordé par les groupes anti-homosexuels dans l'espoir de démontrer (à tort) que le comportement homosexuel n'est pas « naturel ». Mais la littérature sur l'homosexualité animale montre que l'existence d'un comportement sexuel entre personnes du même sexe dans une espèce donnée n'a pas d'impact négatif sur le taux de reproduction de l'espèce, ce qui fait que ce n'est pas un problème. Prenons l'exemple de l'albatros de Laysan. Cette espèce d'oiseau géant forme des couples à vie, c'est-à-dire que deux individus restent ensemble toute leur vie, s'accouplent et élèvent leur progéniture ensemble pendant plusieurs décennies. Certains de ces couples à vie sont des couples de même sexe. Dans une étude sur les albatros de Laysan vivant sur l'île d'Oahu (archipel de Hawaï), un tiers des couples à vie étaient des couples formés par deux femelles[1]. L'une ou les deux femelles s'accouplaient avec un mâle à un moment donné, ce qui donnait des œufs fécondés que les paires de femelles élevaient ensemble. De nombreux cas d'homosexualité dans le règne animal fonctionnent de telle manière que les pratiques homosexuelles font simplement partie du répertoire comportemental typique d'un individu sans compromettre la reproduction nécessaire à la survie de l'espèce. Les bonobos en sont peut-être le meilleur exemple : les individus ont régulièrement des relations sexuelles avec des partenaires de même sexe ou de sexe opposé, ce qui se traduit par beaucoup d'homosexualité, mais aussi beaucoup de bébés.

L'attirance exclusive pour les membres du même sexe est plus rare, mais elle n'est pas inconnue. Chez les moutons domestiques, on estime que 10 % des béliers (les mâles) ne sont intéressés que par l'accouplement avec d'autres béliers[2]. Les chercheurs qui étudient ce phénomène ont constaté que ces béliers homosexuels présentaient des différences dans leur cerveau – un groupe de neurones plus épais dans une partie de l'hypothalamus – par rapport

1. Lindsay C. Young, Brenda J. Zaun et Eric A. VanderWerf, « Successful same-sex pairing in Laysan albatross », *Biology Letters*, 4(4), 2008, p. 323-325.

2. John A. Resko *et al.*, « Endocrine correlates of partner preference behavior in rams », *Biology of Reproduction*, 55(1), 1996, p. 120-126.

aux moutons hétérosexuels. Ces différences s'expliquent par la quantité relative d'œstrogènes à laquelle le bélier en développement a été exposé avant sa naissance. En d'autres termes, comme l'affirme Balthazart dans son livre, ces béliers sont nés homosexuels. Tout cela pour dire que l'homosexualité (innée) dans le règne animal n'a rien de particulièrement inhabituel ou controversé. Malgré sa fréquence, l'attirance pour le même sexe ne menace pas la survie des centaines d'espèces chez lesquelles l'homosexualité a été observée. C'est pourquoi aucune espèce animale ne semble avoir constitué, dans son parcours de sélection naturelle, des normes sociales visant à punir les individus qui se livrent à des actes homosexuels. En d'autres termes, si l'attirance pour le même sexe n'est pas propre à l'homme, l'homophobie, elle, l'est.

Bien entendu, nombreuses sont les cultures passées ou présentes dans lesquelles l'homosexualité est normalisée, acceptée, voire totalement assimilée. Pendant la majeure partie de l'histoire du Japon, par exemple, les relations entre personnes du même sexe n'étaient pas stigmatisées, et les histoires d'amour et de sexe entre hommes ont longtemps été associées à la classe des guerriers samouraïs[1] ; c'est quelque chose que Hashizume Aihei et ses compagnons samouraïs auraient considéré comme indiscutable. Mais, dans de nombreuses cultures modernes dont les racines sont judéo-chrétiennes, l'homosexualité n'est pas seulement socialement inacceptable ou controversée, elle est aussi illégale, voire passible de la peine de mort. Le code pénal islamique iranien, adopté

1. Gary P. Leupp, *Male Colors*, Berkeley, University of California Press, 1995.

après la révolution islamique de 1979, considère les relations homosexuelles physiques entre hommes comme un crime capital, passible d'exécution. Un sondage du Pew Research Center réalisé en 2013 a révélé que de nombreux pays du Proche-Orient ont une vision négative de l'homosexualité : 97 % des habitants de la Jordanie, 95 % de ceux de l'Égypte et 80 % de ceux du Liban estiment que l'homosexualité « devrait être rejetée[1] ». Même dans les pays occidentaux actuels, ostensiblement tolérants à l'égard des personnes LGBTQ, les sentiments anti-homosexuels abondent, enracinés dans les valeurs judéo-chrétiennes. Les « thérapies de conversion », qui visent à modifier l'orientation sexuelle non désirée et « contre nature » d'une personne par le biais de diverses formes de « thérapies », ciblent souvent les mineurs et sont légales dans la plupart des États américains. Elles sont souvent administrées par des thérapeutes de confession chrétienne, même si, selon un rapport de 2009 du groupe de travail de l'American Psychological Association, « les résultats de recherches scientifiquement valides indiquent qu'il est peu probable que les individus puissent réduire leur attirance envers le même sexe ou augmenter leur attirance envers l'autre sexe par le biais de [ces thérapies][2] ».

Ce rejet moral de l'homosexualité n'a pas toujours des origines religieuses. Les nazis, réputés non religieux, n'approuvaient pas l'homosexualité (en particulier l'homosexualité masculine) pour la simple raison qu'elle s'écartait

1. economist.com/open-future/2018/06/06/how-homosexualit-became-a-crime-in-the-middle-east.

2. Judith M. Glassgold *et al.*, *Report of the American Psychological Association Task Force on Appropriate Therapeutic Responses to Sexual Orientation*, American Psychological Association, 2009.

de la norme, et que tout ce qui était « anormal » n'avait tout simplement pas sa place dans le Troisième Reich. Par suite, plus de 100 000 homosexuels ont été arrêtés et des dizaines de milliers d'entre eux ont été exécutés dans des camps de concentration.

En réalité, au cours de l'histoire récente, des millions de personnes dans le monde ont subi des violences ou sont mortes à cause de sentiments anti-gays. Les personnes LGBTQ sont quatre fois plus susceptibles que la population générale d'être victimes de crimes violents aux États-Unis, où pourtant le comportement homosexuel n'est plus criminalisé et où, pendant le Mois des Fiertés, des entreprises comme McDonald's arborent fièrement des drapeaux arc-en-ciel[1]. On ne peut que spéculer sur les taux de violence dans des pays comme la Russie (qui ne compile pas de données sur les agressions homophobes), où une enquête de 2018 a révélé que 63 % des Russes pensaient que les gays conspiraient pour « détruire les valeurs spirituelles des Russes, à travers la propagande des relations sexuelles non traditionnelles[2] », et qu'un Russe sur cinq pensait que les gays devraient être « éliminés[3] ». Tout cela alors que l'homosexualité est aussi répandue chez les humains que chez les autres espèces. Environ 4 % des Américains

1. Andrew R. Flores, Lynn Langton, Ilan H. Meyer et Adam P. Romero, « Victimization rates and traits of sexual and gender minorities in the United States : Results from the National Crime Victimization Survey, 2017 », *Science Advances*, 6(40), 2020, eaba6910.

2. Traduit de wciom.ru/analytical-reviews/analiticheskii-obzor/teoriya-zagovora-protiv-rossii.

3. nbcnews.com/feature/nbc-out/1-5-russians-want-gays-lesbians-eliminated-survey-finds-n1191851.

s'identifient comme lesbiennes, gays, bisexuels ou transsexuels[1], tandis que plus de 8 % d'entre eux déclarent avoir eu une relation sexuelle avec une personne du même sexe et que 11 % reconnaissent au moins une certaine attirance pour le sexe opposé[2]. Ces chiffres sont comparables à ceux des moutons, mais nettement *inférieurs* à l'activité sexuelle entre individus du même sexe observée chez les bonobos.

La conclusion est que les humains, du fait de leur capacité complexe de réflexion morale, ont fait de quelque chose qui ne constitue un problème normatif pour aucune autre espèce un problème tel qu'il justifierait la marginalisation, la criminalisation, l'exécution et même le génocide. Il s'agit, selon moi, d'un cas où les animaux disposent, pour gérer la différence, d'un système normatif bien supérieur – c'est-à-dire moins violent et destructeur – que la quasi-totalité des cultures humaines. Il est clair que l'homosexualité n'est pas seulement normale dans le monde animal, mais qu'elle n'est absolument pas destructrice. Peut-être même est-elle bénéfique au maintien des sociétés animales. Pourquoi, alors, n'y a-t-il que les humains qui soient homophobes ? C'est un mystère qui ne peut être résolu qu'à condition de comprendre comment, par la puissance de notre raison, nous pouvons nous retrouver acculés dans un coin du fait même de notre capacité de réflexion morale. Une poignée de cultures et de religions

1. Robert Graham *et al.*, *The Health of Lesbian, Gay, Bisexual, and Transgender People. Building a Foundation for Better Understanding*, Washington DC, Institute of Medicine, The National Academies Press, 2011.
2. Gary J. Gates, *How Many People Are Lesbian, Gay, Bisexual and Transgender ?*, Los Angeles, CA, The Williams Institute, 2011.

se sont convaincues du fait que l'homosexualité est un problème moral et que des millions de nos semblables devaient en être punis. Non seulement le sentiment anti-homosexuel n'a pas son pendant dans le comportement des autres espèces, mais il contribue activement à créer des obstacles au succès de notre espèce. Non seulement il sème la discorde dans la société, mais il entraîne la souffrance d'une grande partie de la population humaine. Quel avantage biologique notre espèce a-t-elle tiré de nos étranges postures morales autour du « problème » non problématique de l'homosexualité ? Précisément aucun. C'est un triste témoignage de la cruauté du raisonnement moral humain.

La perte de notre autorité morale

L'histoire de notre espèce est celle de la justification morale d'actes violents entraînant la douleur, la souffrance et la mort de dizaines de millions de nos semblables qui entrent dans la catégorie des « autres ». Il peut s'agir des peuples autochtones du Canada, de la communauté LGBTQ, des Juifs, des Noirs, des handicapés, des femmes, etc. En revanche, la plupart des normes animales ont pour fonction de maintenir un équilibre social visant à réduire la douleur, la souffrance et la mort. Si nous partons du principe que la douleur, la souffrance et la mort sont généralement une mauvaise chose, il semble que les animaux aient la plupart du temps la bonne idée (et la valeur morale la plus élevée). Mais cela signifie-t-il que la morale humaine serait « mauvaise » au sens de l'évolution ? Se pourrait-il que notre capacité de raisonnement moral – notre philosophie, nos religions et nos structures juridiques – soit précisément ce qui a donné l'avantage à notre espèce au cours des derniers millénaires ? Ce qui nous a aidés à organiser nos sociétés et à nous répandre à travers le monde dans nos grandes civilisations ?

Je ne pense pas qu'il faille mettre notre capacité morale *en soi* à l'origine de notre succès, mais les autres composantes de l'esprit humain qui nous ont donné la capacité de coordonner nos efforts, comme le langage et la théorie de l'esprit. Et c'est notre caractéristique de spécialistes du pourquoi qui a fait le gros du travail lorsqu'il s'est agi de découvrir la nature de l'univers physique et du monde biologique ; car c'est elle qui nous a donné le savoir-faire technologique qui a mis notre espèce sur le devant de la scène. La moralité humaine, en revanche, n'était pas nécessaire. Comme je l'ai déjà dit, je pense que nous aurions été mieux lotis sans la capacité de transformer nos anciennes normes de primates en règles morales absurdes et destructrices qui nous ont donné les pensionnats, la législation anti-LGBTQ et autres aberrations du même type. Mais on ne peut pas dissocier ces facultés. Il n'est pas possible d'avoir cette liste de compétences cognitives positives sans avoir en même temps leurs conséquences négatives. Le raisonnement moral humain était inévitable. Mais cela n'en fait pas nécessairement une *bonne* chose, au sens de l'évolution. Le raisonnement moral humain pourrait être un bogue et non une caractéristique – un trait évolutif qui est apparu au fur et à mesure que nos compétences cognitives uniques s'épanouissaient, mais qui n'est pas lui-même un trait sélectionné par la sélection naturelle. Il se pourrait que les humains réussissent actuellement en tant qu'espèce non pas grâce à leurs aptitudes morales, mais en dépit de celles-ci. Nous avons poussé à l'extrême ce système normatif universel qui régit et contraint le comportement social de la plupart des animaux. Ce sont les animaux, dont les systèmes normatifs sont moins sophistiqués, qui mènent une vie bonne.

5

LE MYSTÈRE DE L'ABEILLE HEUREUSE

Faut-il tenter de donner un dernier moment de bonheur aux faux bourdons ?

« Que m'importe le ronronnement de qui ne peut aimer, pareil au chat[1]. »

Nietzsche

Avec l'automne qui approche et les températures quotidiennes qui commencent à baisser, mes abeilles domestiques entament leurs derniers préparatifs pour l'hiver. J'élève des abeilles depuis trois ans et je me suis habitué à leur drame de fin de saison. La saison de collecte du nectar est presque terminée, et elles sont maintenant occupées à sécher le dernier miel pour le stocker pendant les mois d'hiver. Ce sera leur seule source de nourriture jusqu'à ce que les pissenlits recommencent à fleurir en

1. Traduction de P. Klossowski et M. B. de Launay, *in* Friedrich Nietzsche, « Fragments posthumes (1882-1883) », *Revue de métaphysique et de morale*, 94e année, n° 1 (janvier-mars 1989), p. 107-115.

mars. Pour éviter le risque de famine et s'assurer qu'il y aura assez de miel pour tout le monde, elles commencent à réduire leur population. Il faut juste assez d'abeilles dans la colonie – peut-être quarante mille – pour se tenir au chaud, mais pas trop pour ne pas épuiser les réserves de nourriture avant le printemps. Le mois de septembre est donc l'occasion de se débarrasser des pique-assiettes. En d'autres termes, les faux bourdons.

Les faux bourdons sont des abeilles mâles dont le seul but est de s'accoupler avec de nouvelles reines provenant d'autres colonies. Ils sont plus grands et plus gros que les abeilles ouvrières et ont des grands yeux globuleux qui leur permettent de repérer les autres faux bourdons et les reines vierges. Comme ils n'ont pas de dard, ils ne peuvent donc pas défendre la ruche. En fait, ils ne peuvent pas faire grand-chose d'autre que s'accoupler. Ils ne nettoient pas la ruche, ne fabriquent pas les rayons de miel et ne s'occupent pas des larves. Leur langue est courte, ce qui les empêche de recueillir le nectar des fleurs. Ils ont même du mal à lécher le miel des nids d'abeilles, si bien que les ouvrières doivent placer la nourriture directement dans leur bouche. Ainsi, pendant l'hiver, les faux bourdons nécessitent beaucoup d'entretien et ont peu de valeur. C'est pourquoi, lorsque arrive le mois de septembre, les ouvrières rassemblent tous les faux bourdons, les traînent jusqu'à l'entrée principale de la ruche et les poussent dehors. S'ils essaient de revenir, ils sont attaqués ou tués. Comme ils ne peuvent pas se nourrir, ils ne tardent pas à mourir de faim ou de froid. À cette époque de l'année, les façades de mes ruches sont couvertes de bourdons bannis et désorientés.

C'est un état de fait tragique, mais tout à fait naturel, et je ne peux m'empêcher de plaindre ces pauvres bêtes. Dernièrement, j'ai pris l'habitude de recueillir les bourdons infortunés et de les placer dans une petite boîte en carton sur ma terrasse. J'y ai mis du miel pour qu'ils puissent essayer de se nourrir une dernière fois avant leur mort inévitable. Je veux leur donner un dernier moment de bonheur.

La semaine dernière, j'ai montré ma collection de bourdons à mon amie Andrea, qui s'amuse toujours de mes observations animalières. « Tu te donnes beaucoup de peine pour rien, m'a-t-elle dit. Tu ne les rends pas vraiment plus heureux. Ce n'est pas comme s'ils étaient conscients. Ils n'apprécient pas tous ces efforts. »

« Je ne suis pas sûr d'être d'accord avec toi, ai-je dit. Par curiosité, quels sont les animaux qui, selon toi, sont conscients ? Clover est-elle consciente ? » Clover est le nouveau border collie d'Andrea, un chiot turbulent qui était en train de regarder attentivement les poulets derrière ma clôture.

« Oui, je pense » a répondu Andrea.

« Et ces poulets ? »

« Hmmm. Des poulets ? Je n'en suis pas sûre. Non ? Si c'est le cas, ils sont beaucoup moins conscients que Clover. Mais ces abeilles ne sont pas conscientes. Elles ne sont pas conscientes d'elles-mêmes. Les insectes fonctionnent à l'instinct. »

« Serais-tu surprise d'apprendre que de nombreux scientifiques et philosophes affirment que ces petits bourdons sont, en fait, conscients ? »

« Quoi ? C'est absurde. Comment diable pourraient-ils avancer un tel argument ? »

C'est une bonne question.

Qu'est-ce que la conscience ?

La conscience a toujours été considérée comme l'une des choses qui séparent les humains des autres animaux. Une chose que nous avons et qu'ils n'ont pas. Ou, comme le pense Andrea, peut-être une chose que nous avons plus que les autres animaux. Mais ce n'est pas le cas. Comme nous le verrons, les humains ont une relation unique avec la conscience, qui joue un rôle essentiel dans la compréhension de la nature de l'intelligence humaine (et de sa valeur). Mais nous n'en sommes certainement pas les seuls dépositaires.

La conscience est simplement le nom de toute forme d'expérience subjective. Connaissez-vous cette sensation agaçante d'avoir envie de faire pipi alors que vous venez de vous installer dans votre lit ? C'est une expérience consciente. Il en va de même pour l'inquiétude que vous ressentez lorsque vous n'avez pas suffisamment étudié pour un prochain examen. Ou ce sentiment de tristesse douce-amère lorsque vous lisez la dernière page d'un livre qui a captivé votre imagination. Ou même simplement le bruit des vagues qui clapotent sur la coque d'un bateau, la couleur jaune d'une banane ou le goût d'un café éventé. La conscience est ce qui se produit lorsque votre cerveau génère une sensation, un sentiment, une perception ou une pensée de quelque nature que ce soit dont vous êtes conscient.

Pour comprendre pourquoi la question de savoir si les animaux ont une conscience génère une certaine tension, il faut s'attarder un instant sur les deux mots qui composent sa définition : *subjectif* et *expérience*. Commençons par le concept de subjectivité.

Quand on dit que quelque chose est subjectif, cela signifie que quelqu'un le comprend ou en fait l'expérience de son point de vue. Dans son essai emblématique « What is it like to be a bat ? », le philosophe Thomas Nagel affirme que l'expérience subjective du monde telle qu'elle est ressentie par un individu (humain ou animal) échappe à toute observation ou explication en termes objectifs[1]. Il n'y a tout simplement aucun moyen d'entrer dans la tête d'une autre créature et de mesurer ses expériences. C'est ce que les philosophes appellent le problème des autres esprits, le fait inéluctable que l'expérience subjective des autres esprits restera toujours cachée à l'intérieur d'une boîte noire.

Le mot *expérience* fait référence aux sensations réelles qui se manifestent dans votre esprit lorsqu'une émotion ou une pensée surgit. Par exemple, si vous mangez un bol de Cheerios, cela crée un ensemble de sensations physiques et émotionnelles dont votre esprit fait l'expérience. Ces *propriétés de l'expérience consciente* sont ce que les philosophes appellent les *qualia*[2]. Vous pouvez mettre des mots sur les qualia que vous ressentez en mangeant des Cheerios, comme *sucré*, *croquant* ou *dégoûtant*, afin de communiquer aux autres ce que vous ressentez en les mangeant. Peut-être que, si je mangeais le même bol de Cheerios, j'utiliserais les mêmes mots que vous pour décrire mes qualia de mangeur de Cheerios. Mais cela ne signifie pas que nous décrivons les mêmes phénomènes

1. Thomas Nagel, « What is it like to be a bat ? », *Philosophical Review*, 83, 1974, p. 435-450.
2. Daniel C. Dennett, « Quining Qualia », *in* Anthony J. Marcel et Edoardo Bisiach (dir.), *Consciousness in Modern Science*, Oxford, Oxford University Press, 1988.

conscients. Il est possible que les sensations qui surgissent dans votre esprit lorsque vous mangez des Cheerios soient – si elles *pouvaient* être mesurées objectivement – totalement différentes des miennes. Mais, comme les qualia qui sont toujours des expériences privées ne peuvent pas être mesurés objectivement, nous ne pouvons donc pas le savoir.

Néanmoins, nous sommes généralement convaincus que la plupart des êtres humains partagent des expériences similaires du monde qui les entoure, car les qualia que nous décrivons ont tendance à correspondre. Cela me permet de prédire en toute confiance que vous préféreriez manger un bol de Cheerios plutôt qu'un bol de cheveux humains. Même si mes qualia de mangeur de cheveux sont légèrement différents des vôtres, il est fort probable que la plupart des humains éprouvent du dégoût lorsqu'ils essaient d'avaler une touffe de cheveux. Mon niveau de confiance a tendance à diminuer toutefois dès lors que j'ai affaire à des espèces différentes. Les mites de tapis, par exemple, adoreraient dévorer un bol rempli de cheveux humains et éviteraient probablement les Cheerios. Ainsi mon ressenti subjectif à manger des cheveux ne m'apprend-il rien sur les qualia à manger des cheveux d'une mite de tapis.

La principale pierre d'achoppement lorsqu'il s'agit d'essayer de deviner ce que sont les qualia d'animaux non humains (voire de déterminer s'ils en ont seulement) est que nous ne pouvons pas parler avec eux de ce qu'ils ressentent. Comme nous l'avons appris précédemment, les animaux peuvent communiquer leurs états émotionnels (comme la colère ou la peur) à l'aide de signaux – montrer les dents ou grogner –, mais ils n'ont pas la capacité linguistique de décrire subjectivement leur ressenti. Nous nous sommes donc appuyés sur des analogies – et non sur le langage – pour deviner ce que sont les qualia des animaux. Si un chimpanzé berce le corps de son enfant mort, nous pouvons supposer qu'il éprouve quelque chose d'analogue au chagrin humain. Après tout, les humains sont très proches des chimpanzés, et ce comportement de deuil ressemble beaucoup au nôtre. Mais ce type d'analogie s'effondre à mesure que les animaux auxquels nous pensons s'éloignent de nous sur l'arbre phylogénétique. Par exemple, quels qualia humains pourraient être analogues à ce qu'éprouve une pieuvre lorsqu'elle place un tentacule sur un crabe et le « goûte » à l'aide des récepteurs chimio-tactiles de ses ventouses[1] ? Comme les bras de la pieuvre fonctionnent de manière autonome, il se peut que cette information reste dans le tentacule où elle est traitée et ne parvienne jamais à son cerveau central. L'interaction entre le corps et l'esprit est très différente suivant que l'on considère les animaux ou les hommes, et aucune analogie ne nous permet d'établir des comparaisons.

Bien qu'il soit impossible de mesurer l'expérience subjective et que toute analogie centrée sur l'homme soit inadéquate, de nombreux scientifiques et philosophes sont convaincus que les animaux *ont* des expériences subjectives. Nagel a soutenu qu'être une chauve-souris donne l'impression d'être *quelque chose*, et je ne pense pas m'avancer trop en disant que de nombreux chercheurs et philosophes spécialisés dans la cognition animale, sinon

1. Lena van Giesen, Peter B. Kilian, Corey A. H. Allard et Nicholas W. Bellono, « Molecular basis of chemotactile sensation in octopus », *Cell*, 183(3), 2020, p. 594-604.

la plupart, seraient d'accord avec lui. C'est pourquoi, en 2012, certains d'entre eux ont signé un document intitulé *Déclaration de Cambridge sur la conscience*, où l'on peut lire : « Des données convergentes indiquent que les animaux non humains possèdent les substrats neuroanatomiques, neurochimiques et neurophysiologiques des états conscients, ainsi que la capacité de se livrer à des comportements intentionnels. Par conséquent, la force des preuves nous amène à conclure que les humains ne sont pas seuls à posséder les substrats neurologiques de la conscience. Des animaux non humains, notamment l'ensemble des mammifères et des oiseaux, ainsi que de nombreuses autres espèces, telles que les pieuvres, possèdent également ces substrats neurologiques[1]. »

Comment peuvent-ils soutenir ce point de vue si l'expérience subjective est, par définition, privée et inaccessible chez les animaux ? Comment peuvent-ils construire un tel *savoir* ?

L'argument en faveur de la conscience animale repose sur deux sources de preuves : le cerveau et le comportement. L'argument du cerveau est relativement simple. Nous savons que les humains ont une expérience subjective (c'est-à-dire une conscience). Nous ne savons pas exactement *comment* un cerveau génère la conscience, mais, à moins de souscrire à l'idée que la conscience est quelque chose qui se produit en dehors du cerveau, le cerveau (ou peut-être le système nerveux en général)

---

1. *The Cambridge Declaration on Consciousness* (Archive), écrit par Philip Low, et édité par Jaak Panksepp, Diana Reiss, David Edelman, Bruno Van Swinderen, Philip Low et Christof Koch, Cambridge, University of Cambridge, 7 juillet 2012. Traduit en français http://www.cahiers-antispecistes.org/declaration-de-cambridge-sur-la-conscience/.

doit en être la source. Les cerveaux animaux et les cerveaux humains sont tous faits de la même matière, et, dans le cas des mammifères, le tissu cérébral semble être divisé dans le crâne selon des lignes généralement similaires. Étant donné que les structures cérébrales que nous soupçonnons être impliquées dans l'expérience subjective d'un ressenti de peur chez l'homme se retrouvent également dans des zones correspondantes du cerveau de la plupart des vertébrés (notamment, le cortex insulaire), il est raisonnable de supposer qu'ils éprouvent eux aussi la peur de manière subjective.

Il s'agit bien sûr d'une simplification à l'extrême, mais c'est le sens de l'argument. En réalité, les scientifiques présument, sans en être certains, quelles structures du cerveau humain sont responsables de l'expérience consciente d'émotions telles que la peur. Et ce n'est pas parce que les cerveaux sont structurés de manière similaire qu'ils fonctionneront nécessairement de manière identique. La comparaison d'une IRM du cerveau de ma femme et du mien montrerait qu'ils sont presque impossibles à distinguer du point de vue structurel, et pourtant je ne serai jamais capable d'apprendre la grammaire du vieil irlandais ou de chanter comme elle le fait. Le cerveau d'un chimpanzé et celui du célèbre chef cuisinier britannique Gordon Ramsay sont également presque identiques si on les compare au cerveau d'une mite de tapis, et pourtant les chimpanzés ne seront jamais capables de cuisiner un bœuf Wellington aussi bien que Gordon. Des structures cérébrales analogues ne suffisent pas à prouver que des animaux possèdent des expériences subjectives ou des capacités cognitives analogues. C'est pourquoi il faut associer les structures cérébrales à des preuves comportementales d'animaux en train d'agir comme s'ils étaient conscients.

Il existe deux types de preuves comportementales. Le premier est le plus amusant, car il implique de s'enivrer. L'ingestion d'alcool a un impact bien étudié sur le fonctionnement de l'esprit. L'alcool peut entraîner la suppression de nos inhibitions, des troubles de la coordination motrice et, si vous allez trop loin, une perte de conscience. Mais nous tolérons ces effets peu souhaitables parce que la consommation d'alcool libère de la dopamine, qui donne à notre cerveau une sensation d'euphorie. En d'autres termes, nous buvons parce que c'est agréable. Il s'avère que les éléphants se comportent de la même manière.

Dans une étude scientifique remontant au début des années 1980 – époque à laquelle un protocole consistant à donner de l'alcool à des éléphants au nom de la science semblait acceptable –, des chercheurs ont présenté à un groupe d'éléphants vivant en captivité dans un parc safari de Californie des seaux d'eau contenant des concentrations variables d'éthanol : 0, 6, 7, 10, 14, 25 et 50 %[1]. Les éléphants, laissés libres de boire dans le seau de leur choix, ont préféré la solution à 7 % d'alcool à tout le reste (y compris l'eau). Après avoir bu l'alcool, les éléphants se sont comportés comme des humains en état d'ivresse : certains se balançaient sur leurs pattes, les yeux fermés, d'autres se sont couchés sur le sol. La plupart d'entre eux ont enroulé leur trompe autour de leur corps, comme le font les éléphants lorsqu'ils se sentent mal. Parmi les plus agressifs, certains sont devenus

---

1. Ronald K. Siegel et Mark Brodie, « Alcohol self-administration by elephants », *Bulletin of the Psychonomic Society*, 22(1), 1984, p. 49-52.

encore plus belliqueux (ce qui est familier à quiconque a été témoin d'une bagarre dans un bar). *In vino veritas*, qui signifie « la vérité est dans le vin », s'applique apparemment aussi bien aux humains qu'aux éléphants. Cette expérience (éthiquement discutable) montre que les éléphants semblent rechercher de l'alcool à des concentrations qui enivrent – mais pas trop – afin de ressentir cette sensation d'euphorie que nous connaissons tous trop bien. Ce comportement alcoolique n'a de sens que si deux choses sont vraies : 1) l'alcool affecte le cerveau des éléphants comme celui des humains et 2) les éléphants éprouvent des sentiments subjectifs d'euphorie lorsqu'ils boivent, tout comme les humains.

Le deuxième type de preuve comportementale concerne ce que la Déclaration de Cambridge sur la conscience décrit comme « la capacité de se livrer à des comportements intentionnels ». Rappelons ce que nous avons vu au chapitre II : est intentionnel un comportement dans lequel un animal poursuit un but qu'il a bien à l'esprit et surveille activement la situation pour déterminer si ce but a été atteint. Cette définition suppose la conscience subjective d'un objectif ; avoir quelque chose « à l'esprit » signifie être conscient de ses intentions. En d'autres termes, tout animal qui semble avoir l'intention de faire quelque chose peut être considéré comme présentant des signes comportementaux de conscience.

Prenons le cas de Bruce. Il s'agit d'un kéa, une espèce de perroquet originaire de Nouvelle-Zélande, célèbre pour sa curiosité et sa capacité à résoudre des problèmes. En 2013, Bruce, qui vivait dans la nature sa vie sauvage, a été sauvé après avoir perdu la moitié supérieure de son bec. Un bec non fonctionnel est une véritable catastrophe pour un kéa – et pour n'importe quel oiseau en réalité. Il lui est difficile de manger, mais aussi de s'adonner à un comportement appelé lissage. Ce comportement consiste pour l'oiseau à gratter ses plumes entre les deux moitiés de son bec pour en éliminer la saleté et les parasites. Malgré son handicap, Bruce a trouvé une solution qui a constitué un des meilleurs arguments en faveur de la présence d'un comportement intentionnel chez l'animal non humain, quel qu'il soit[1].

Au moment de lisser ses plumes, Bruce cherche un petit caillou dans son enclos. Il doit être de la bonne taille pour pouvoir s'insérer confortablement entre son bec inférieur et sa langue. Il fait ensuite glisser ses plumes entre le caillou et sa langue, ce qui lui permet de se les nettoyer parfaitement. Amalia Bastos et ses collègues de l'université d'Auckland ont élégamment démontré que l'utilisation de cailloux par Bruce était une preuve évidente de son comportement intentionnel. Tout d'abord, dans 93,75 % des cas où Bruce a ramassé un caillou, il l'a utilisé pour le lissage. « Les manipulations de Bruce sur les cailloux étaient presque toujours suivies d'un moment de lissage, ce qui suggère qu'il a ramassé le caillou avec l'intention de s'en servir comme outil de lissage », a expliqué Bastos. Et dans 95,42 % des cas où Bruce a laissé tomber le caillou pendant qu'il procédait à sa toilette, il l'a ramassé à nouveau ou a saisi un caillou similaire pour continuer son lissage. Sa capacité à trouver le bon outil et sa persévérance dans l'accomplissement de la tâche suggèrent que les solutions que

---

1. Amalia P. Bastos *et al.*, « Self-care tooling innovation in a disabled kea *(Nestor notabilis)* », *Scientific Reports*, 11(1), 2021, p. 1-8.

Bruce a trouvées à son problème de lissage ne sont pas le fruit du hasard. Il devait avoir l'intention de se nettoyer les plumes et a trouvé une solution qui ne faisait pas partie du répertoire comportemental normal d'un kéa. « Les kéas ne font pas habituellement usage d'outils dans la nature, a déclaré Amalia Bastos au *Guardian*, le fait qu'un individu ait innové en y ayant recours pour répondre à son handicap témoigne de la grande flexibilité de leur intelligence. Ils sont capables de s'adapter et de résoudre avec souplesse les nouveaux problèmes qui se présentent[1]. »

Il s'agit là, à mon avis, d'une preuve solide comme le roc de l'existence d'un comportement intentionnel chez un animal. Si vous combinez la preuve que constitue le comportement de Bruce avec le fait que les perroquets sont connus pour s'enivrer volontairement (il existe en Australie un arbre appelé « arbre perroquet ivre » dont les baies fermentées attirent le loriquet à collier rouge) et le fait que les scientifiques ont trouvé « des homologies anatomiques substantielles et des similitudes fonctionnelles avec les mammifères dans les systèmes thalamocorticaux qui sont associés à la conscience[2] » chez des oiseaux comme les perroquets, vous avez des raisons de penser que les perroquets remplissent tous les critères pour avoir une conscience selon la définition que donne la Déclaration de Cambridge sur la conscience.

---

1. Eva Corlett, « "He has adapted" : Bruce the disabled New Zealand parrot uses tools for preening », *The Guardian*, 10 septembre 2021. theguardian.com/environment/2021/sep/10/the-disabled-new-zealand-parrot-kea-using-tools-for-preening-aoe.
2. David B. Edelman et Anil K. Seth, « Animal consciousness : a synthetic approach », *Trends in Neurosciences*, 32(9), 2009, p. 476-484.

Il est facile de voir comment ce raisonnement pourrait s'appliquer à d'autres espèces qui, selon nos observations, adoptent un comportement innovant, flexible ou intentionnel, comme les dauphins, les éléphants et les corbeaux. Ou à des espèces dont le cerveau est structuré de manière semblable à celui de l'homme, comme les grands singes. Mais les abeilles mellifères ? Est-il vraiment si sûr, comme je l'ai dit à Andrea, que les scientifiques pensent que les insectes ont les structures cérébrales nécessaires pour soutenir la conscience ? Qu'ils ont des comportements intentionnels comme Bruce ? Les insectes se soûlent-ils ? La réponse à ces questions est : oui, oui, et bien sûr.

Un cerveau d'abeille

Pour étayer encore mon point de vue, je dois vous présenter Lars Chittka. Spécialiste de la cognition des abeilles, Chittka est un écologiste comportemental qui travaille à l'université Queen-Mary de Londres et qui est peut-être le plus grand défenseur de l'intelligence des insectes à l'heure actuelle. Il a consacré de nombreux articles à l'idée que le cerveau des insectes, malgré sa petite taille, possède tout ce qu'il faut pour générer une cognition complexe, y compris l'expérience subjective. L'argument de base en défaveur de la croyance selon laquelle « la conscience nécessite un gros cerveau » est que, lorsqu'il s'agit de générer de la complexité, ce n'est pas le nombre de neurones qui compte, mais la manière dont ils sont reliés entre eux. Le cerveau des abeilles ne compte qu'un million de neurones, contre quatre-vingt-cinq milliards pour l'homme. Mais ce million de neurones peut créer jusqu'à un milliard de synapses (connexions avec d'autres neurones) dans le cerveau de l'abeille, ce qui est plus que suffisant pour créer un gigantesque réseau neuronal capable d'une importante puissance de traitement[1]. « Dans les gros cerveaux, on ne trouve souvent pas plus de complexité, mais simplement une répétition sans fin des mêmes circuits neuronaux, explique Chittka. Cela peut ajouter des détails aux images ou aux sons dont on se souvient, mais aucun degré de complexité. Dans de nombreux cas, les gros cerveaux peuvent être de plus gros disques durs, mais pas nécessairement de meilleurs processeurs[2]. »

Qu'en est-il de la structure du cerveau ? Le cerveau humain (ou celui d'autres animaux à gros cerveau) a-t-il quelque chose de spécial dans la *façon* dont il câble ce qui génère notre conscience ? Ce n'est pas le cas, affirme Chittka. « Le corrélat neuronal de la conscience (NCC : *neural correlate of consciousness*) tant recherché n'a pas été identifié chez l'homme ; on ne peut donc pas affirmer que certains animaux n'ont pas de NCC de type humain. » En d'autres termes, puisque nous ne comprenons pas comment la conscience naît de l'interconnexion des neurones et de leur allumage, nous n'avons aucune raison de supposer que le cerveau des insectes ne possède pas les structures nécessaires.

Bien que la science n'ait pas trouvé de preuves définitives de la structure neuronale exacte (ou de la

1. Lars Chittka et Catherine Wilson, « Expanding consciousness », *American Scientist*, 107, 2019, p. 364-369.
2. Queen-Mary University of London, « Bigger not necessarily better, when it comes to brains », *ScienceDaily*, 18 novembre 2009. sciencedaily.com/releases/2009/11/091117124009.htm.

combinaison de structures) qui génère l'expérience subjective, nous savons que le cerveau des insectes possède des structures cérébrales que nous *présumons* être en corrélation avec la conscience chez les animaux. Chez les insectes, il existe une structure appelée *complexe central* qui génère les processus cognitifs que nous associons à la conscience. C'est un endroit du cerveau qui intègre les informations provenant des sens, ce qui aide l'insecte à naviguer dans son environnement en créant un modèle mental de lui-même et du monde qui l'entoure. Selon le philosophe Colin Klein et le neurobiologiste Andrew Barron, parce que les mammifères ont des structures analogues dans leur mésencéphale, apparemment dédiées aux mêmes tâches, et parce que ces structures et compétences cognitives sont généralement considérées comme impliquées dans la conscience chez l'homme, il existe « des preuves solides que le cerveau des insectes a la capacité de soutenir l'expérience subjective[1] ». Tout cela pour dire que, bien que nous ne puissions pas affirmer avec certitude que les insectes possèdent les parties du cerveau indispensables pour générer la conscience, il y a de très bonnes raisons de penser que c'est le cas.

Mais qu'en est-il du comportement des insectes ? Leur minuscule cerveau est-il capable de générer un comportement complexe suggérant une conscience ? Il semble que oui. Prenons l'exemple de cette célèbre expérience menée par Chittka et son équipe sur des bourdons. Pour tester leur capacité d'apprentissage complexe, des

1. Andrew B. Barron et Colin Klein, « What insects can tell us about the origins of consciousness », *Proceedings of the National Academy of Sciences*, 113(18), 2016, p. 4900-4908.

bourdons ont été soumis à une tâche récompensée par une nourriture différente de celle qu'ils peuvent trouver dans la nature. Une minuscule balle en plastique était placée dans un plat au centre duquel était dessinée une cible. Si les bourdons parvenaient à traîner la balle jusqu'à la cible, ils recevaient une récompense sous forme d'eau sucrée. Leur comportement de butinage dans la nature n'exige pas une telle habileté, et pourtant ils en ont été capables ici. Un exploit remarquable en soi, mais pas autant que celui qui va suivre. À une étape ultérieure de l'expérience, trois boules étaient placées à différentes distances du centre du plat[1]. Les deux boules les plus proches du centre étant collées au plat, le bourdon a appris qu'il devait déplacer la boule la plus éloignée. Pendant ce temps, un bourdon en position d'observateur, qui ne connaissait pas l'expérience, regardait ces bourdons « démonstrateurs » résoudre la tâche depuis l'extérieur de la zone de test. Lorsque le bourdon observateur a été autorisé à entrer dans la zone de test pour la première fois, ce qu'il a fait a révélé qu'il avait vraiment compris la nature de la tâche à accomplir. Cette fois, aucune des boules n'était plus collée au support. Au lieu de simplement copier l'action que l'autre bourdon avait réalisée sous ses yeux (c'est-à-dire saisir la balle la plus éloignée), il s'est dirigé vers la balle la plus proche et l'a traînée jusqu'à la cible. Il ne s'est pas contenté d'imiter le comportement de l'autre bourdon par le biais de l'apprentissage associatif. Il savait qu'une balle devait aller

1. Olli J. Loukola, Clint J. Perry, Louie Coscos et Lars Chittka, « Bumblebees show cognitive flexibility by improving on an observed complex behavior », *Science*, 355(6327), 2017, p. 833-836.

sur la cible et qu'il suffisait donc de déplacer la balle la plus proche. Il avait réfléchi au problème et conçu la meilleure stratégie. Selon Chittka, cela prouve que les bourdons ont « une compréhension de base du résultat de leurs propres actions et de celles de leurs congénères, c'est-à-dire qu'ils disposent de facultés semblables à la conscience ou à l'intentionnalité[1] ». Si c'est le cas, cela prouve que les bourdons satisfont au critère de comportement intentionnel tel qu'il est défini dans la Déclaration de Cambridge sur la conscience.

Enfin, il existe des preuves que les insectes recherchent des substances psychotropes. Prenons l'exemple de cette étude aussi élégante qu'insolite de la neuroscientifique Galit Shohat-Ophir[2]. Son équipe a élevé des mouches du vinaigre (ou drosophiles), dont le cerveau génère un neuropeptide spécifique – la corazonine – chaque fois qu'elles sont exposées à une lumière rouge. Il se trouve que la corazonine alimente aussi généralement le cerveau de la mouche à vinaigre mâle lorsqu'elle éjacule. On peut alors supposer que l'allumage d'une lumière rouge peut induire un état affectif (émotionnel) semblable à un orgasme. Sans surprise, les chercheurs ont constaté que ces mouches préféraient nettement demeurer dans les zones de leur enclos éclairées par la lumière rouge. Dans le cadre de l'expérience, un groupe de drosophiles mâles a été exposé à une grande quantité de lumière rouge pendant quelques jours, tandis qu'un autre groupe n'a jamais été exposé à la lumière rouge provoquant

1. Lars Chittka, « Bee cognition », *Current Biology*, 27(19), 2017, R1049-R1053.

2. Galit Shohat-Ophir *et al.*, « Sexual deprivation increases ethanol intake in Drosophila », *Science*, 335(6074), 2012, p. 1351-1355.

l'orgasme. Lorsqu'elles ont eu le choix entre deux aliments, les mouches qui avaient été privées de lumière rouge – et qui n'avaient donc pas eu d'orgasme pendant trois jours d'affilée – ont mangé davantage d'aliments contenant de l'éthanol. En d'autres termes, elles se sont soûlées. Pendant ce temps, les mouches qui avaient bénéficié d'un flux constant de plaisir induit par la lumière rouge n'avaient pas plus envie que cela de la nourriture contenant de l'alcool. Le fait que les drosophiles privées d'orgasme aient opté pour des drogues psychotropes – sans doute à la recherche d'une poussée d'endorphine – suggère qu'elles étaient conscientes de la baisse de leur niveau de bonheur et qu'elles se sont intentionnellement tournées vers l'alcool pour se sentir mieux. Comme l'a déclaré Lars Chittka en réponse à cette étude : « Pourquoi un organisme chercherait-il des substances altérant l'esprit s'il n'y avait pas d'esprit à altérer[1] ? »

Tous ces éléments indiquent qu'il est tout à fait possible que les insectes aient des expériences subjectives – et donc une conscience. Si c'est le cas, la conscience est un trait qui doit trouver son origine très tôt dans notre histoire évolutive, à partir d'un ancien ancêtre commun à l'homme et aux poissons : probablement un invertébré vivant dans l'océan il y a 500 millions d'années[2]. Ce qui signifie, selon ma définition, que la plupart des animaux vivant aujourd'hui ont probablement une conscience. Dans ce cas, comment se fait-il que monsieur

1. Lars Chittka et Catherine Wilson, « Expanding consciousness », *American Scientist*, 107, 2019, p. 364-369.
2. Andrew B. Barron et Colin Klein, « What insects can tell us about the origins of consciousness », *Proceedings of the National Academy of Sciences*, 113(18), 2016, p. 4900-4908.

Tout-le-monde (ou mon amie Andrea) trouve si absurde que les insectes (ou les poulets) puissent être conscients ? Pourquoi pensent-ils, comme l'a dit Andrea, qu'ils fonctionnent à l'instinct, comme de petits robots ? Il y a longtemps que cette conception des animaux est apparue : elle remonte à René Descartes qui, au XVIIe siècle, qualifiait les animaux non humains d'« animaux-machines ». En d'autres termes, Andrea est en très bonne compagnie. Et j'ose dire que de nombreux spécialistes de la cognition animale continuent à envisager avec scepticisme l'affirmation selon laquelle les insectes ont une expérience subjective, bien que personnellement je sois dans le camp de Chittka.

La raison de ce scepticisme est assez simple. Lorsque la plupart des gens utilisent le mot « conscience », ils ne parlent pas uniquement de l'expérience subjective. Ils incluent d'autres traits cognitifs, comme la conscience de soi. Si Andrea m'a dit qu'il est insensé de supposer que mes abeilles mellifères soient conscientes, c'est surtout parce qu'elle jugeait impossible qu'elles soient conscientes d'elles-mêmes. Mais conscience et conscience de soi ne sont pas synonymes. Il arrive aussi qu'on inclue dans l'idée qu'on se fait de la conscience des compétences cognitives telles que l'anticipation épisodique ou même la théorie de l'esprit. En fait, il existe une multitude de traits cognitifs que nous associons à la conscience. J'exposerai plus en détail en quoi ils diffèrent *infra* dans ce même chapitre, ce qui nous aidera à développer une compréhension plus nuancée de la nature propre de la conscience humaine. Mais avant cela, nous devons comprendre un peu mieux comment la conscience fonctionne, en imbrication avec tous ces autres processus, pour générer l'esprit humain et animal.

IMPROVISATION SUR LE CERVEAU

S'il existe de nombreux modèles pour décrire la nature de la conscience, en relation avec la cognition et la neurobiologie, cette notion n'est pas facile à appréhender. Or, pour moi, la meilleure façon de rendre plus palpable une notion aussi complexe est de la comparer à quelque chose de déjà connu. Ce que je vais faire ici en la rapprochant de l'improvisation théâtrale. L'improvisation théâtrale est une forme de théâtre non scénarisé généré spontanément par un groupe d'improvisateurs sur scène. Outre le fait qu'il s'agit d'un moyen fantastique pour stimuler sa créativité et partager des fous rires avec ses amis, c'est aussi la métaphore parfaite du fonctionnement de l'esprit.

Imaginez votre esprit comme une salle de théâtre dans laquelle va se jouer un spectacle d'improvisation[1]. Il y a une scène, faiblement éclairée, par un simple et unique projecteur. Sur cette scène se trouvent une douzaine d'improvisateurs, tous impatients de se retrouver sous les feux de la rampe. Dans cette métaphore, le projecteur équivaut à l'expérience subjective (c'est-à-dire à la conscience). Ce que fait l'improvisateur sous les feux de la rampe est transformé en qualia, que le reste de

1. Ce modèle sur l'improvisation de l'esprit est vaguement basé sur la théorie de l'espace de travail global *(Global Workspace Theory)*, proposée pour la première fois par Bernard Baars. Voir Bernard J. Baars, *In the Theater of Consciousness*, New York, Oxford University Press, 1997.

l'esprit expérimente. Ces qualia se nourrissent des autres improvisateurs sur scène, du public et de tous ceux qui travaillent dans l'ombre : les ingénieurs du son dans la cabine, le metteur en scène au balcon, les régisseurs cachés dans les coulisses, etc. Tout le monde regarde ce qui se passe sous les projecteurs. Ainsi le contenu de l'expérience consciente est-il diffusé dans l'esprit et accessible à un très grand nombre de processus cognitifs d'analyse.

Dans cette métaphore, les personnes sur scène sont toutes des choses dont on *peut* être conscient. Cela inclut les données sensorielles provenant des choses que l'on voit, entend ou touche. Mais aussi des états motivationnels internes comme la faim ou des états émotionnels comme la peur. Les personnes en dehors de la scène sont toutes des processus *subconscients* qui ne produisent jamais de qualia propres, mais qui sont néanmoins essentiels à la performance d'improvisation (c'est-à-dire au fonctionnement de l'esprit). Le régisseur adjoint est peut-être comme la mémoire musculaire : la capacité à faire du vélo, par exemple. Une fois passée la période d'apprentissage, rouler à vélo est quelque chose qu'une partie inconsciente du cerveau prend en charge automatiquement. Si un régisseur fait correctement son travail, on ne le voit jamais, il opère au niveau du subconscient. Et pourtant, sans régisseur, le spectacle d'improvisation ne pourrait pas exister.

Le théâtre de votre esprit est principalement peuplé de choses inconscientes qui ne viendront jamais sous les feux de la rampe. Ainsi de la partie de votre esprit qui contrôle votre rythme cardiaque et votre système digestif. Ou encore des préjugés inconscients et des heuristiques que notre esprit utilise pour prendre des décisions rapides. Dans son livre *Thinking, Fast and Slow*, Daniel Kahneman les décrit comme le mode de pensée du système 1 : des décisions instantanées et automatiques prises par des processus cognitifs subconscients opérant en coulisses.

Il est important de noter qu'il n'y a pas de spectacle d'improvisation si personne n'est sous les feux de la rampe. La pensée du système 1 ne peut pas se mettre en scène toute seule. Si les esprits (y compris les esprits animaux) ont ce projecteur – grâce auquel ils ont une conscience –, c'est parce qu'il aide tout un chacun à prendre au quotidien des décisions qui demandent un peu de délibération. Le projecteur est là pour indiquer au reste de l'esprit qui est la star du spectacle à ce moment-là, et tout le monde participe pour aider l'improvisateur à faire avancer le spectacle. En d'autres termes, la conscience existe pour aider l'esprit à prendre des décisions et à générer des comportements.

Comme sur une vraie scène d'improvisation, les improvisateurs qui finissent par attirer les projecteurs sont ceux qui font quelque chose de nouveau ou d'inattendu, ou qui captent l'attention en faisant beaucoup de bruit. En étant au centre de l'attention, l'improvisateur le plus bruyant peut convoquer de multiples systèmes cognitifs – y compris les systèmes inconscients qui regardent le spectacle d'improvisation –, qui l'aideront à résoudre un problème ou à décider de ce qu'il doit faire ensuite.

Voici un exemple. Supposons que vous soyez assis sur le canapé en train de lire un livre. Ce comportement active plusieurs systèmes cognitifs, notamment vos capacités de compréhension et de linguistique, qui sont en grande partie inconscientes. Le projecteur se concentre sur les images visuelles imaginaires évoquées par les mots sur la page, générant des qualia que le reste de votre esprit est en train d'apprécier. Soudain, un nouvel improvisateur apparaît sous les feux de la rampe : la faim. Le théâtre de votre esprit se concentre désormais sur les qualia de la faim qui déclament sur la scène. Cet improvisateur qu'est la faim provoque une cascade d'actions dans un grand nombre de systèmes cognitifs de votre esprit. Un système subconscient responsable de votre action motrice commence à fermer votre livre – il est temps de chercher un en-cas. Peut-être avez-vous soudain envie d'une barre chocolatée – peut-être en réaction inconsciente à une publicité pour cette barre que vous avez vue hier soir à la télévision. C'est l'équivalent d'un spectateur qui crie « Barre chocolatée ! » de façon telle que les improvisateurs doivent réagir. Un régisseur chuchotera à l'artiste qu'il se souvient en avoir vu une dans la cuisine. Ce régisseur représente votre système de mémoire inconscient. Un autre improvisateur entre maintenant en scène pour une seconde : l'anticipation épisodique. Elle aussi entre en scène pour apporter son soutien au déroulement de l'action. L'anticipation épisodique génère l'expérience consciente d'une recherche dans le tiroir de la cuisine, là où le régisseur a dit que se trouvait la barre chocolatée. Cette combinaison de systèmes cognitifs – à la fois sur scène et hors scène – vous amène maintenant à prendre la décision de vous rendre dans la cuisine pour chercher une barre chocolatée.

Chaque fois qu'un animal doit prendre une décision nécessitant un peu de réflexion et de délibération, la lumière de l'expérience subjective doit faire surface pour que des qualia puissent être générés. Les qualia sont la monnaie d'échange de l'action – comme l'a écrit la philosophe Susanne Langer, « ressentir, c'est faire quelque chose[1] ». C'est la raison pour laquelle les animaux ont développé l'expérience subjective, et c'est ce qui explique que la conclusion la plus logique à laquelle on puisse arriver est que la conscience est une partie vitale de l'esprit de tout animal.

ÊTRE PLUS CONSCIENT N'EST PAS UNE CHOSE

J'espère que tu me suis toujours à ce stade, Andrea, car je peux à présent expliquer pourquoi la conscience humaine semble si différente de celle des animaux. Ce modèle, celui du spectacle d'improvisation, a révélé un point important. Si la conscience humaine est réellement spéciale, c'est parce qu'en tant qu'espèce, nous disposons d'un nombre beaucoup plus important de processus cognitifs potentiellement susceptibles de se placer sous les feux de la rampe de la conscience et de générer des qualia pour nous. Nous ne sommes pas plus conscients, nous sommes simplement conscients de plus de choses. Il s'agit d'une différence importante à comprendre, c'est pourquoi je vais donner un exemple tiré de ma vie pour illustrer mon propos.

Il y a quelques années, mon amie Monica m'a appris ce qu'était l'aphantasie, un trouble dont elle souffrait. Il s'agit de l'incapacité pour certaines personnes (environ 1 % de la population) de voir des images dans l'œil de

1. Susanne K. Langer, *Mind. An Essay on Human Feeling* (édition abrégée). Baltimore, MD, Johns Hopkins University Press, 1988.

leur esprit. « Lorsque les personnes atteintes d'aphantasie ferment les yeux, elles ne voient que du noir, sans jamais pouvoir seulement esquisser l'image d'une pomme, par exemple », m'a-t-elle expliqué.

« C'est triste. Alors, attends une minute, si tu fermes les yeux, tu n'es pas capable de penser à une pomme ? » ai-je demandé.

« Non, ce n'est pas ça. Je peux penser à une pomme, mais je ne peux pas la voir comme s'il s'agissait d'une photographie. À la différence des gens normaux. »

« Oui, mais personne ne peut voir l'image d'une pomme dans son esprit comme s'il s'agissait d'une photographie. C'est impossible. »

« La plupart des gens le peuvent. »

«Je n'y crois pas. Je veux dire que, lorsque je ferme les yeux, je sais que je pense à ce à quoi ressemble une pomme. Mais je ne vois pas de pomme. »

« Hum, Justin ? Je pense que tu es toi aussi atteint d'aphantasie. »

J'ai demandé à ma femme si, lorsqu'elle fermait les yeux et essayait d'imaginer une pomme, elle « voyait » réellement l'image d'une pomme. Elle a répondu par l'affirmative. Toutes les autres personnes à qui j'ai posé la question m'ont confirmé qu'elles pouvaient voir dans leur esprit des images de pommes semblables à des photographies, avec des niveaux de détail et d'intensité variables. Mais moi, je ne vois rien. Monica avait raison. Il s'avère que je souffre moi aussi d'aphantasie.

Contrairement à un humain neurotypique, mon esprit conscient est incapable de générer des images imaginaires des choses pour l'aider à trouver, par exemple, où se trouve le beurre de cacahuète dans le supermarché. Le fait est que je sais où se trouve le beurre de cacahuète dans le magasin et que je peux le décrire avec des mots. Je peux « sentir » son emplacement d'une manière ou d'une autre. Mais je ne peux pas « voir » mentalement la disposition du magasin. Je n'ai pas de capacité d'imagination visuelle consciente. Lorsque je lis un livre de science-fiction, je ne peux pas convoquer les images des stations spatiales qui y sont décrites. Je ne peux pas fermer les yeux et voir le visage de ma fille. Et pourtant, je vous jure que je ne suis pas moins conscient que les autres êtres humains. Mon expérience de la conscience telle qu'elle se présente sur cette scène d'improvisation est la même que la vôtre. J'ai juste un improvisateur de moins dans les coulisses, en train d'attendre d'entrer en scène.

Les acteurs sur la scène humaine

Lorsque nous étudions la conscience animale, ce que nous voulons vraiment savoir, ce n'est pas si elle existe (car c'est le cas), ni quelle quantité de conscience les animaux ont (ils en ont la même quantité), mais quels processus cognitifs chaque espèce est capable d'envoyer sur cette scène d'improvisation. Lorsque je dis que les humains sont conscients de plus de choses, qu'est-ce que cela signifie exactement ? Cela signifie que l'esprit humain a, du fait de la sélection naturelle, évolué pour nous permettre d'être conscients soit d'un grand nombre de processus cognitifs qui sont soit totalement uniques à notre espèce, soit des choses qui, pour la plupart des animaux, ne se produisent qu'au niveau subconscient. Pour préciser ce que je veux dire, considérons d'abord le type de choses que la plupart des animaux ont à leur disposition à ce niveau de l'expérience subjective : les émotions et les sentiments.

Le mot « émotion » vient du latin *emovere*, qui signifie « sortir » ou « agiter ». Cette étymologie souligne le fait que les émotions sont des états d'activation du cerveau dont le but est de *mettre en mouvement* l'animal qui en est le siège, pour l'inciter à faire des choses qui assureront sa survie[1]. Le neurobiologiste Jaak Panksepp a inventé le terme de « neurosciences affectives » pour décrire l'étude des mécanismes neurologiques sous-jacents qui génèrent des états émotionnels dans l'esprit animal (et humain) et a identifié sept catégories d'émotions que l'on est susceptible de trouver chez la plupart des mammifères : *l'instinct de recherche, le désir, l'empathie, le jeu, la colère, la peur et la panique*[2]. Une bonne partie du comportement animal peut s'expliquer par la manière dont ces sept systèmes affectifs interagissent avec notre esprit de façon à nous motiver à faire des choses qui nous aident à vivre suffisamment longtemps pour engendrer une descendance. L'instinct de recherche nous incite à trouver de la nourriture et un abri. Le désir nous pousse à nous accoupler. L'empathie nous aide à élever notre progéniture ou à porter secours à nos partenaires sociaux. Le jeu nous permet d'entretenir ces partenaires sociaux tout en perfectionnant nos aptitudes physiques. La colère nous pousse à nous défendre, nous-mêmes mais aussi nos ressources alimentaires et nos maisons contre les agresseurs.

---

1. Jaak Panksepp, *Affective Neuroscience. The Foundations of Human and Animal Emotions*, Oxford, Oxford University Press, 2004.
2. Kenneth L. Davis et Christian Montag, « Selected principles of Pankseppian affective neuroscience », *Frontiers in Neuroscience*, 12, 2018.

La peur nous indique les choses à éviter ou à affronter. Et la panique nous donne une raison de rechercher des partenaires sociaux.

Il est probable que nombre de ces émotions existent également sous des formes semblables dans l'esprit des espèces non mammifères. Et nombre de ces émotions subconscientes seront probablement traduites en expériences conscientes de sorte que les animaux se retrouveront mieux équipés pour prendre des décisions. Lorsque les émotions subconscientes font leur entrée sur la scène de l'improvisation et sous les feux de la rampe de la conscience subjective pour être utilisées dans la prise de décision, les scientifiques leur donnent parfois un nouveau nom : les *sentiments*. Frans de Waal explique élégamment dans son livre *Mama's Last Hug* que les sentiments « surviennent lorsque les émotions remontent à la surface et que nous en prenons conscience[1] ».

Les êtres humains, cependant, sont uniques : nous avons beaucoup plus d'émotions qui se traduisent par des sentiments conscients. Comme ce sentiment de justice que nous avons observé dans l'étude sur les macaques, qui existe probablement chez les primates, mais peut-être pas chez les abeilles. Ou comme la nostalgie, qui repose sur notre capacité unique à voyager mentalement dans le temps. Ou encore la culpabilité, qui repose sur la manière unique dont nous nous relions aux autres par le biais de la théorie de l'esprit. Malheureusement, en raison du *problème des autres esprits*, il est notoirement difficile de dire,

1. Voir le passage sur la différence entre sentiments et émotions dans *Mama's Last Hug* par Frans de Waal. Frans de Waal, *Mama's Last Hug. Animal Emotions and What They Tell Us About Ourselves*, New York, W. W. Norton et Company, 2019

seulement en observant le comportement d'un animal, s'il éprouve des sentiments complexes ou élémentaires. Par exemple, le premier jour de mon cours sur l'esprit des animaux, je montre aux étudiants une vidéo YouTube du chien Denver[1]. En l'absence de son maître, Denver a mangé un sac de friandises pour chats. Sous l'œil de la caméra, le propriétaire demande à Denver si c'est lui qui a mangé les friandises. Denver évite le contact visuel. Il baisse les oreilles, plisse les yeux et se lèche les babines, comme s'il se sentait coupable d'avoir mangé les friandises du chat. Lorsque je demande aux élèves ce qui se passe dans l'esprit de Denver à ce moment-là, ils arrivent tous à la conclusion logique que Denver se sent coupable. Je montre ensuite des recherches sur le langage corporel de soumission chez les chiens, et comment on peut obtenir le comportement de Denver de n'importe quel chien en présence d'un maître hostile, qu'il ait fait quelque chose de mal ou non. Cela ne veut pas dire qu'un chien ne pourrait pas être conscient d'avoir violé une norme et s'en sentir coupable. C'est simplement que les comportements affichés par Denver se produisent chaque fois qu'un chien essaie d'éviter une bagarre avec un autre chien ou un humain. En d'autres termes, il est davantage probable qu'il s'agisse de l'expression comportementale de l'un des états affectifs les plus fondamentaux de Panksepp : la *peur*.

Outre les émotions, le cerveau des animaux génère des sensations homéostatiques telles que la faim ou la soif. Ces sensations étant essentielles pour nous inciter à

---

1. foodplot (8 mars 2011), Denver official guilty dog video. https://www.youtube.com/watch ?v=B8ISzf2pryI.

agir, il est probable qu'elles soient également ressenties subjectivement par les animaux. Et puis, bien sûr, il y a les affects sensoriels, comme la douleur, la température, la pression ; bref, tout ce que nos organes sensoriels (yeux, oreilles, peau, langue, etc.) envoient à notre cerveau. Tous ces signaux sensoriels de base sont utilisés par les parties non conscientes de notre esprit pour générer un comportement automatique, de type système 1 (par exemple, retirer sa main lorsqu'on touche une plaque à biscuits brûlante). Mais les signaux sensoriels parviennent aussi souvent à la conscience, ce qui nous aide à planifier des comportements plus complexes, comme chercher un gant de cuisine à enfiler pour ne pas nous brûler à nouveau la main sur la plaque à biscuits. Panksepp soutient que tous les cerveaux de mammifères (et peut-être d'autres espèces, comme l'affirme la Déclaration de Cambridge sur la conscience) possèdent des régions sous-corticales capables de produire ces états affectifs émotionnels, homéostatiques et sensoriels.

La beauté des systèmes affectifs des animaux non humains réside dans le fait que chaque espèce dispose de toute une mosaïque de sensations propres à ses systèmes sensoriels, physiologiques ou sociaux. Les dauphins, par exemple, peuvent faire parvenir des informations perceptives inouïes à leur esprit conscient grâce à leur capacité d'écholocalisation. En émettant des clics dans l'eau, ils créent des images acoustiques détaillant la forme, la densité et le mouvement des objets de leur environnement. L'écholocalisation est même apte à pénétrer certaines substances, ce qui leur permet de « voir » les poissons enfouis dans le sable à l'aide du son. Les dauphins peuvent également écouter les signaux d'écholocalisation d'autres dauphins qui nagent à côté d'eux. Ils ont ainsi la capacité de savoir – à un degré qui dépasse l'entendement humain – ce que perçoivent précisément leurs amis. C'est un peu comme si j'obtenais une image mentale de ce que tu vois sur ton smartphone simplement en m'asseyant à côté de toi sur le canapé, les yeux fermés. Ce processus cognitif et conscient, totalement étranger à l'homme, joue un rôle majeur dans la vie des dauphins. Le règne animal regorge de processus cognitifs, affectifs et sensoriels pour lesquels il n'existe pas d'analogue chez l'homme. Cela ne rend pas ces espèces animales « plus conscientes » que nous. Cela donne simplement à la scène d'improvisation de chaque espèce un ensemble différent d'improvisateurs.

Ce qui nous amène aux êtres humains. Outre le fait qu'ils éprouvent des émotions/sentiments complexes que d'autres animaux ne ressentent pas, les êtres humains sont uniques en raison du nombre de choses accessibles à leur esprit conscient et de la complexité de ces choses. Commençons par la notion de conscience de soi.

Il n'existe pas de définition unique de la conscience de soi. Cette expression englobe de nombreuses « consciences », que les différentes espèces possèdent sous différentes formes. On distingue trois catégories principales : la conscience de soi temporelle, la conscience de soi corporelle et la conscience de soi sociale[1]. Il est important de noter qu'un animal peut posséder l'un de ces types de conscience de soi sans en avoir conscience.

1. Ce texte est très librement adapté d'un essai du philosophe David DeGrazia : David DeGrazia, « Self-awareness in animals », *in* Robert W. Lutz (dir.), *The Philosophy of Animal Minds*, Cambridge, Cambridge University Press, 2009, p. 201-217.

Cela peut paraître étrange, mais voici comment cela fonctionne.

Par exemple, la conscience de soi temporelle est la capacité de l'esprit à comprendre qu'il continuera d'exister dans l'avenir (proche). Pratiquement tous les esprits doivent être dotés de cette capacité. Sinon, les animaux ne pourraient jamais avoir d'objectifs ou d'intentions. Bruce le perroquet, par exemple, avait l'intention de lisser ses plumes à l'aide d'une pierre. Son esprit pouvait coordonner ce comportement à la condition de savoir qu'il continuerait d'exister dans le futur. Mais cela ne signifie pas que la conscience de soi temporelle de Bruce se tient sur cette scène d'improvisation, recevant les projecteurs de la conscience. En ce qui concerne les humains, nous savons ce qui se passe lorsque nous sommes conscients de notre conscience de soi temporelle : nous pouvons voyager mentalement dans le temps et pratiquer l'anticipation épisodique. Lorsque la conscience de soi temporelle est en scène, nous pouvons éprouver ce sentiment que « mon esprit existe et continuera d'exister » et le diffuser à tous les autres systèmes cognitifs. Cela nous permet d'imaginer notre esprit existant dans le passé, existant dans le futur et finissant cependant par ne plus exister (c'est-à-dire la sagesse de la mort). Mais comme il ne semble pas que Bruce (et beaucoup d'autres animaux) puisse s'imaginer dans des circonstances similaires, nous ne pouvons que supposer que la conscience temporelle de soi n'est jamais entrée en scène pour lui. Pourtant, cela ne l'empêche pas d'adopter un comportement orienté vers un but, parce que sa conscience de soi temporelle fournit l'échafaudage inconscient sur lequel repose son esprit.

Il en va de même pour la conscience du corps. Il s'agit de la conscience de son propre corps comme étant une chose existant dans le monde, séparée des autres choses et pouvant être contrôlée par l'esprit. Le fait que n'importe quel animal semble capable de déplacer son corps dans l'espace et d'interagir avec des objets suggère que la conscience du corps est une compétence cognitive assez élémentaire. L'un des tests classiques de la conscience de soi chez les animaux est le test de reconnaissance de leur corps dans le miroir (test de Gallup). Il s'agit d'apposer une marque sur le corps ou la tête d'un animal sans qu'il s'en aperçoive, puis de lui donner accès à un miroir. S'il utilise le miroir pour inspecter la nouvelle marque bizarre qu'il voit sur lui-même, on peut supposer qu'il sait que c'est lui-même qu'il voit dans le miroir et qu'il est donc « conscient de lui-même ». De nombreuses espèces « réussissent » ce test, notamment les chimpanzés, les dauphins, les éléphants, etc. Mais ce test pourrait en fait révéler le fait que, pour certaines espèces, leur corps est susceptible d'une considération consciente. Concernant les espèces qui échouent au test du miroir cependant, comme les chiens ou les chats, il serait ridicule d'en déduire qu'elles pourraient ne pas être conscientes de leur corps. La principale tâche de leur esprit, tout au long de la journée, est de contrôler leur corps ; il doit donc y avoir une certaine conscience du corps cachée là-dedans. Mais il est tout à fait possible que les chiens et les chats ne soient pas capables de considérer *consciemment* la nature de leur corps comme le fait un chimpanzé, ce qui explique que les miroirs les déconcertent quelque peu.

Enfin, il y a la conscience de soi sociale. Il s'agit de la capacité à être conscient de sa relation aux autres dans son monde social, qu'il s'agisse du statut social, de la force ou de la nature de ses relations. Elle nous donne la capacité de nous voir comme les autres pourraient nous voir, ce qui permet à la théorie de l'esprit de prendre racine. Elle nous permet également de mentir (et de baratiner), ainsi que de prédire le comportement des autres sur la base de ce que nous pensons qu'ils savent ou croient. Enfin, elle nous permet d'analyser notre comportement par rapport à celui des autres, ce qui contribue à transformer nos normes en morale. Comme nous l'avons vu, de nombreuses espèces d'animaux ont une conscience sociale de soi. C'est elle qui détermine, par exemple, la hiérarchie de mes poules. Mais il est peu probable que mes poules soient – ou aient besoin d'être – conscientes de leur identité sociale. La société des poules fonctionne parfaitement sous la régulation de normes inconscientes, sans qu'elles aient besoin de considérer consciemment leur statut au sein de la société. Mais la prise en considération consciente du moi social chez les humains conduit à l'extraordinaire complexité sociale que nous observons dans la culture humaine, ainsi qu'aux systèmes moraux, éthiques et juridiques complexes que nous pouvons créer (pour ce qu'ils valent).

Lorsque l'on s'interroge sur l'intelligence animale, on se demande très souvent dans quelle mesure d'autres espèces pourraient propulser ces trois types de conscience sur la scène de la conscience. C'est une question intéressante, car la capacité de se penser soi-même (individuellement ou en tant que membre d'un groupe) augmente considérablement la capacité à générer des comportements complexes. L'être humain pourrait bien être unique, en raison de sa capacité à disposer des trois formes de conscience de soi à des fins d'analyse consciente.

À cela s'ajoute la capacité d'être conscient de sa propre pensée/cognition. C'est ce qu'on appelle la *métacognition.* Pour comprendre ce concept, je vais vous donner mon exemple préféré. Les chercheurs du Dolphin Research Center, en Floride, ont entraîné un dauphin nommé Natua à appuyer sur une manette lorsqu'il entendait un son aigu (2 100 Hz) et sur une autre manette lorsqu'il entendait un son grave (inférieur à 2 100 Hz). Natua était récompensé par un poisson s'il appuyait sur la bonne manette, et, s'il appuyait sur la mauvaise, il ne se passait plus rien, Natua ne recevait pas de poisson, et il devait attendre un long moment avant d'entendre à nouveau un son. La tâche était plutôt simple pour Natua, jusqu'à ce que le son grave devienne si proche du son aigu qu'il ne pût plus faire la distinction entre les deux. À ce moment-là, il commença à appuyer sur les manettes au hasard. Ce n'était pas drôle pour le dauphin, car une mauvaise réponse signifiait ne pas manger de poisson pendant un certain temps.

Pour voir si Natua était conscient de sa perplexité lorsque les sons devenaient difficiles à distinguer, une troisième manette fut introduite : la manette de sauvetage. Si Natua appuyait sur la manette de sauvetage, il n'avait plus qu'à attendre un peu jusqu'à ce qu'une nouvelle tonalité facile à distinguer lui soit présentée et qu'il puisse réessayer. C'était la meilleure option dans les cas où il n'était pas sûr de savoir si la tonalité était grave ou aiguë, et où se tromper signifiait une longue attente avant d'avoir à nouveau du poisson.

Lorsqu'on lui présentait un son grave qu'il avait du mal à différencier d'un son aigu, Natua réagissait exactement comme on pourrait s'y attendre de la part d'un animal qui a du mal à trouver la réponse. Il s'approchait lentement des manettes et ballottait la tête d'un côté à l'autre – hésitant manifestement – avant d'appuyer sur la manette de sauvetage. La meilleure explication de ce comportement est que Natua savait (par métacognition) qu'il ne connaissait pas la bonne réponse et qu'il était conscient de la difficulté qu'il avait à résoudre le problème. En d'autres termes, les processus de pensée de Natua se tenaient sur la scène sous les projecteurs de la conscience, ce qui lui permettait de penser sa propre pensée.

La métacognition permet à un animal, quand il ne sait pas quelque chose, de s'en rendre compte. De réfléchir à ses propres connaissances. Sa lucidité par rapport à son ignorance l'incite à rechercher un surcroît de connaissances qui pourraient l'aider dans son processus de prise de décision. Il n'existe qu'un petit nombre d'études (et beaucoup de controverses) qui suggèrent que quelques espèces animales disposent de ce type de métacognition – ce sont notamment des recherches sur les singes, les dauphins, les grands singes, les chiens et les rats. Si la métacognition existe chez les animaux (comme cela semble être le cas pour Natua), elle n'est peut-être pas très répandue.

En revanche, cette capacité est le fondement même de la pensée humaine. Nous avons clairement conscience de notre métacognition, ce qui nous incite à repérer les lacunes et les problèmes de notre raisonnement, et à chercher des solutions en utilisant toutes les autres capacités cognitives dont nous disposons. Nous utilisons les mathématiques et le langage pour organiser consciemment nos pensées, et notre capacité d'inférence causale et d'anticipation épisodique nous permet d'imaginer des solutions infinies aux problèmes auxquels nous sommes confrontés.

L'aptitude d'un être humain à faire des choses complexes que nous qualifions volontiers d'« intelligentes » est en fait liée à sa conscience entendue comme une faculté. Mais uniquement dans le sens où il dispose dans son esprit d'un ensemble de processus cognitifs sur lesquels il peut braquer le projecteur de l'expérience subjective, ce qui lui permet de coordonner ces processus cognitifs de manière plus efficace pour résoudre des problèmes complexes. Tous les animaux vivent une vie riche en qualia, indépendamment de la complexité ou du nombre de processus cognitifs mis à leur disposition, qui pourraient se tenir sur cette scène d'improvisation et être éclairés par le projecteur de l'expérience consciente et subjective.

Je suis donc convaincu, ma chère amie Andrea, d'avoir en fait rendu la vie de ces bourdons infortunés un peu plus heureuse. Je présume que leur petit esprit était conscient du plaisir de manger du miel une dernière fois avant de mourir. Pourtant, il ne fait aucun doute que l'esprit humain est conscient de bien plus de choses que celui de ces bourdons. Tu as raison de dire que le contenu de notre conscience présente de sacrées différences, comme nous l'avons vu. La question est : Et alors ? Tout ce que nous avons accompli en tant qu'espèce grâce à ces capacités cognitives – et à la conscience subjective que nous en avons – est-il 1) un signe de réussite de notre espèce et 2) une bonne chose pour la planète ? Telles sont les grandes questions que nous allons aborder dès le chapitre suivant.

6

MYOPIE DE PRONOSTIC

Notre clairvoyance à courte vue

> « Prémisses de l'âge des machines. - La presse, la machine, le chemin de fer, le télégraphe sont des prémisses dont personne n'a encore osé tirer la conclusion qui viendra dans mille ans[1]. »
>
> Nietzsche

Capability Brown demeure le jardinier le plus célèbre d'Angleterre. Il est aussi un peu responsable de l'extinction imminente de l'espèce humaine.

Prénommé Lancelot à sa naissance en 1715, il reçut le surnom de « Capability », parce qu'il utilisait souvent ce mot (*capability*/potentiel) pour expliquer aux aristocrates anglais que leurs domaines avaient « un grand potentiel d'amélioration[2] ». Il préférait que ses jardins aient un aspect naturel : il remplaçait les haies bien entretenues,

1. Frédéric Nietzsche, *Humain, trop humain*, partie II (« Le Voyageur et son Ombre. Opinions et Sentences mêlées »), traduit par Henri Albert, Paris, Mercure de France, 1902, § 278. .

2. *A Capable Sheriff*, *s. d.*, capabilitybrown.org/news/capable-sheriff/.

les allées en pierre et les grandes fontaines typiques des jardins à la française du XVIIe siècle par de grandioses perspectives sur des lacs, des bosquets d'arbres statuaires et de vastes pelouses. En son temps, il a amélioré les jardins de 170 propriétés britanniques, dont le château de Highclere, célèbre depuis qu'il a servi de décor extérieur pour la série historique *Downton Abbey*. Le générique de début montre un homme et son chien marchant sur une pelouse parfaitement entretenue – conçue à l'origine par Capability –, le château se profilant à l'arrière-plan. C'est précisément ce type de pelouse qui constitue le dangereux héritage de Capability.

George Washington et Thomas Jefferson, notamment, étaient de grands admirateurs de son travail. Les domaines de Monticello et de Mount Vernon, propriétés respectives de Jefferson et de Washington, ont été modelés pour se rapprocher le plus possible des créations de Capability et figurent parmi les jardins les plus célèbres des États-Unis. On les retrouvait sur d'innombrables cartes postales affichées dans les cuisines de millions de foyers américains au début du XIXe siècle. Ces maisons emblématiques possédaient de vastes pelouses où, si l'on en croit les cartes postales, des gens aisés se promenaient avec des ombrelles en jouant au badminton. Les pelouses faisaient partie d'un dogme esthétique en plein essor, comme le signe que l'expérience américaine apporterait la prospérité domestique – et beaucoup de temps libre pour jouer au volant – à tous ceux qui voulaient travailler dur et faire quelque chose de leur vie. Ce rêve s'appliquait à tous, sauf, bien sûr, aux esclaves qui étaient contraints et forcés de tailler et d'entretenir ces pelouses – le genre de paradoxes sur lesquels le pays fonctionne encore aujourd'hui.

Au début du XIXe siècle, l'Américain moyen ne disposait ni du temps, ni de l'argent, ni de la main-d'œuvre servile nécessaires à l'entretien d'une pelouse. Seuls les ultra-riches pouvaient s'offrir un tel luxe. Avec l'invention de la tondeuse à gazon en 1830 par Edwin Beard Budding, la pelouse est devenue beaucoup plus accessible. Au cours du siècle suivant, les pelouses se mirent à symboliser la prospérité personnelle et nationale. Tandis que la voiture s'imposait comme le mode de transport dominant en Amérique, le jardin de devant permettait quant à lui d'afficher sa réussite, suscitant l'admiration des automobilistes qui descendaient les rues de banlieue. Une pelouse bien entretenue derrière une clôture blanche est rapidement devenue – et reste encore aujourd'hui – le symbole ultime de l'Amérique.

Les Américains *adorent* leurs pelouses. Il y a actuellement 163 812 kilomètres carrés de pelouses domestiques aux États-Unis[1]. Cela équivaut à la superficie de l'État de Floride. Vingt pour cent du Massachusetts, du Rhode Island, du Delaware et du Connecticut sont couverts de pelouses[2]. Sur les 116 millions de foyers américains, 75 % disposent d'une pelouse, petite ou grande[3]. Sans parler de toutes les autres façons dont notre espèce a transformé le territoire sur cette planète, notre désir obsessionnel de

1. Cristina Milesi *et al.*, « A strategy for mapping and modeling the ecological effects of US lawns », *J. Turfgrass Manage*, 1(1), 2005, p. 83-97.
2. Christopher Ingraham, « Lawns are a soul-crushing timesuck and most of us would be better off without them », *Washington Post*, 4 août 2015. washingtonpost.com/news/wonk/wp/2015/08/04/lawns-are-a-soul-crushing-timesuck-and-most-of-us-would-be-better-off-without-them/.
3. Nell Porter Brown, « When grass isn't greener », *Harvard Magazine*, mars 2011. harvardmagazine.com/2011/03/when-grass-isnt-greener.

créer des pelouses a modifié le paysage d'une façon qui n'a pas d'équivalent dans le règne animal. Ce qui s'en rapproche le plus est le vaste réseau d'anciennes termitières de l'est du Brésil. Ces énormes monticules (généralement de deux mètres de haut) couvrent une région du Brésil d'une superficie totale de 230 000 kilomètres carrés et sont visibles depuis l'espace[1]. Ils sont construits tous les vingt mètres à peu près, et il y en a deux cents millions. Les termites ont commencé à construire ces monticules il y a près de quatre mille ans. Ils se sont formés lentement, au fur et à mesure que les termites remontaient à la surface pour se débarrasser des saletés indésirables provenant du réseau de tunnels qu'ils creusaient pour transporter des choses et de leurs quartiers d'habitation. Il s'agit, en gros, de majestueuses décharges. Mais, contrairement aux pelouses humaines, ces monticules ont un impact positif sur l'environnement, puisqu'ils forment la couche inférieure de la caatinga brésilienne : une forêt désertique qui regorge de biodiversité et abrite 187 espèces d'abeilles, 516 oiseaux et 148 mammifères, sans compter les espèces végétales par centaines[2].

Au cours de ma vie, j'ai probablement passé un millier d'heures à couper de l'herbe, que ce soit pour moi ou pour d'autres. Et, franchement, j'ai l'impression de m'être fait berner par Capability Brown et les Pères fondateurs. Les pelouses sont des zones de monoculture presque totalement

1. Steven J. Martin, Roy R. Funch, Paul R. Hanson et Eun-Hye Yoo, « A vast 4,000-year-old spatial pattern of termite mounds », *Current Biology*, 28(22), 2018, R1292-R1293.

2. Jean Carlos Santos *et al.*, « Caatinga : the scientific negligence experienced by a dry tropical forest », *Tropical Conservation Science*, 4(3), 2011, p. 276-286.

inutiles en matière d'habitat pour la faune et la flore. Elles ne nous fournissent aucune nourriture, mais demandent néanmoins un énorme investissement en temps, en argent et en ressources. Elles sont une lettre d'amour à la « consommation ostentatoire », selon le terme inventé par l'économiste Thorstein Veblen et qu'il définit dans son livre *The Theory of the Leisure Class* comme « l'achat de biens ou de services dans le but spécifique d'étaler sa richesse[1] ». Les pelouses sont également un doigt d'honneur géant adressé au mouvement écologiste. Les Américains utilisent 34 milliards de litres d'eau par jour rien que pour les pelouses, soit environ un tiers de la consommation domestique américaine d'eau[2]. Environ la moitié de cette eau est gaspillée car elle n'atteint jamais les racines à cause de l'évaporation, du vent et du ruissellement. Ajoutez à cela les 4,60 milliards de litres d'essence utilisés chaque année pour les tondeuses à gazon, ce qui est là aussi assez catastrophique pour l'environnement ; d'autant plus que, les moteurs des tondeuses à gazon étant loin d'être aussi efficaces que ceux des voitures, ils finissent par consommer plus d'essence et générer plus de CO_2. En d'autres termes, utiliser une tondeuse à gazon pendant une heure revient à parcourir une centaine de kilomètres en voiture[3]. L'Agence pour la

1. Will Kenton, « Conspicuous consumption », *Investopedia*, 2021. Thorstein Veblen, *The Theory of the Leisure Class*, London, Macmillan, 1899.
2. Reduce Your Outdoor Water Use, The US Environmental Protection Agency, 2013. 19 janvier 2017. snapshot.epa.gov/www3/water sense/docs/factsheet_outdoor_water_use_508.pdf.
3. Cristina Milesi *et al.*, « Mapping and modeling the biogeochemical cycling of turf grasses in the United States », *Environmental Management*, 36(3), 2005, p. 426-438. Anders Christensen, Roger Westerholm et Jacob Almén, « Measurement of regulated and unregulated exhaust emissions

protection de l'environnement estime que l'entretien des pelouses représente 4 % des émissions annuelles totales de CO_2 aux États-Unis, soit une tonne de dioxyde de carbone déversée dans l'atmosphère chaque année dans le but de... quoi exactement ?

Bien sûr, ce n'est pas vraiment la faute de Capability. Il n'aurait pas pu prévoir où ses activités horticoles allaient nous mener. Néanmoins, imaginons une hypothèse. Si un de nos contemporains voyageait dans le temps et retournait au XVIIIe siècle pour expliquer à Capability comment son idée de pelouse allait se transformer en une obsession culturelle qui contribuerait au changement climatique et menacerait l'existence de l'espèce humaine, aurait-il jeté son idée au rebus ? J'en doute. Les êtres humains ont une habileté étonnante à justifier leurs actions, même s'il est évident qu'elles auront des conséquences négatives à l'avenir. Même le voyageur dans le temps le plus charismatique et le plus persuasif aurait du mal à convaincre Capability d'abandonner l'œuvre de sa vie. Considérons les choses de la manière suivante : nous connaissons aujourd'hui les dangers de la combustion des combustibles fossiles, et pourtant notre manie des pelouses se poursuit. La menace d'une Terre postapocalyptique ne nous empêchera pas d'entretenir nos pelouses, même si nous comprenons les risques associés à cette habitude absurde mais très répandue.

Cette dissonance cognitive est ce que j'appelle la *myopie de pronostic*. La myopie de pronostic est la capacité

---

from a lawn mower with and without an oxidizing catalyst : A comparison of two different fuels », *Environmental Science and Technology*, 35(11), 2001, p. 2166-2170.

humaine à penser à l'avenir et à le modifier, associée à une incapacité à se soucier réellement de ce qui se passera dans le futur. Elle a pour origine la capacité de l'homme à utiliser ses compétences cognitives uniques pour prendre des décisions complexes porteuses de conséquences à long terme. Mais, comme notre intelligence a évolué pour s'occuper des effets immédiats – et non futurs –, nous vivons et même comprenons rarement les conséquences de ces décisions à long terme. C'est la faille la plus dangereuse de la pensée humaine. Si dangereuse qu'elle pourrait conduire à l'extinction de notre espèce. C'est pourquoi je consacrerai un chapitre entier à expliquer ce qu'est la myopie de pronostic, comment elle est apparue, comment elle affecte notre vie quotidienne et pourquoi elle constitue une menace d'extinction pour l'humanité.

Qu'est-ce que la myopie de pronostic ?

Comme tous les animaux, l'homme vit dans un monde où il doit prendre des décisions jour après jour pour satisfaire ses besoins quotidiens : se nourrir, se loger, avoir des relations sexuelles, etc. Ce type de prise de décision immédiate est aussi vieux que la vie elle-même et fondamental pour sa perpétuation. Mais la capacité humaine de raisonnement causal, d'anticipation épisodique, de délibération consciente, etc., nous donne la possibilité de donner à ces problèmes quotidiens et immédiats des solutions dont les conséquences futures pourront se déployer à une échelle inédite dans l'histoire de la vie sur cette planète. Nous pouvons inventer des solutions s'appuyant sur la technologie et l'ingénierie dont, comme l'a écrit Nietzsche, « personne n'a encore osé tirer la conclusion millénaire ». Comme tous les animaux, notre biologie nous oblige à gérer le présent, mais, contrairement à d'autres animaux, nos décisions peuvent générer des technologies qui auront des effets néfastes sur le monde pour les générations à venir. Ce décalage est au cœur de la myopie de pronostic.

Voici un exemple. Supposons que vous souhaitiez prendre un en-cas en ce moment même. Il y a dix mille ans, vous auriez pu marcher quelques mètres dans la forêt, plonger votre main dans un tronc d'arbre et en extraire une poignée de termites savoureux. Problème résolu. Vous aviez votre casse-croûte. De nos jours, vous pouvez vous rendre dans la cuisine et attraper une banane. Même problème (la faim), même solution (la nourriture).

La différence entre les deux est que la disponibilité de la banane aujourd'hui est entièrement déterminée par des processus technologiques créés par l'homme qui ont ajouté une complexité inimaginable au simple fait de prendre un en-cas. Et ces processus ont des conséquences à long terme que nous n'avions pas envisagées. Qu'est-ce que j'entends par ces processus d'origine humaine ?

Si vous êtes comme moi, vous vivez dans une région du monde où les bananes ne poussent pas naturellement. La plupart des bananes que nous consommons en Occident sont cultivées dans des plantations d'Amérique du Sud. Cela signifie que ces bananes doivent être transportées par camion jusqu'au port sud-américain le plus proche, chargées dans un avion ou un bateau et envoyées à l'autre bout du monde, transformées dans le pays, distribuées dans les épiceries, puis, parce que vous les avez achetées, atterrir dans votre salade de fruits. Si vous faites vos courses dans un supermarché dont les politiques d'emballage sont grotesques, vous devrez peut-être d'abord dévêtir votre banane d'un emballage plastique. Vous vous émerveillerez alors de sa couleur et de sa forme, deux qualités qui sont le fruit d'un cocktail d'engrais et de pesticides utilisés pour les cultiver. De toute évidence, le transport des bananes à travers le monde et leur emballage dans des matériaux fabriqués à partir de produits pétroliers ont un impact considérable sur l'empreinte carbone. Sans parler de l'impact environnemental de la monoculture, gourmande en pesticides et engrais, pratiquée sur des terres (généralement d'anciennes forêts tropicales) qui ont été débarrassées de la végétation indigène pour satisfaire notre désir de bananes. Le fait est que notre envie de grignoter est identique au XXIe siècle à ce qu'elle était il y a dix mille ans, mais notre cognition complexe nous permet de nous engager dans des activités (par exemple, l'extraction de pétrole et de gaz, l'agriculture mécanisée, l'épuisement des sols) à grande échelle, qui sont en train de transformer cette planète en un trou à rats inhabitable. Nos cuisines sont remplies d'aliments provenant d'un complexe agro-industriel mondial qui pose un problème fondamental pour la survie de l'espèce humaine.

Cet exemple de la banane met en évidence les deux principales conséquences négatives de la myopie de pronostic. La première est que les humains, contrairement à d'autres animaux, peuvent résoudre leurs problèmes en inventant des solutions à long terme qui auront des conséquences imprévues sur les générations futures.

Comme le déboisement des forêts tropicales pour satisfaire notre envie de banane, ou l'épuisement de nos réserves d'eau pour faire pousser nos pelouses inspirées par Capability Brown. Deuxièmement, même dans les cas où nous pouvons prévoir les conséquences négatives de nos solutions à long terme, notre esprit n'est pas fait pour se préoccuper réellement de ces conséquences, comme nous le ferions si elles étaient plus immédiates. Vous n'êtes pas programmé pour vous soucier des conséquences futures de l'abattage, en vue de la monoculture de la banane, des forêts tropicales brésiliennes. Vous êtes plutôt enclin à prendre cette banane à l'épicerie et à la jeter dans votre panier de courses. Avec ce type d'indifférence, vous touchez exactement la raison pour laquelle un voyageur du temps ne pourrait jamais convaincre Capability Brown de désinventer les pelouses.

Pour comprendre la genèse de la myopie de pronostic, nous devons d'abord comprendre pourquoi les animaux prennent de mauvaises décisions au regard des problèmes futurs.

Les humains sont incapables de penser l'avenir

Nous avons appris dans le chapitre précédent que l'expérience subjective (c'est-à-dire la conscience) permet à notre cerveau de recruter de multiples systèmes cognitifs pour nous aider à prendre des décisions complexes. Les êtres humains disposent de plusieurs capacités cognitives uniques qui peuvent monter sur la scène de l'improvisation et recevoir les projecteurs de la conscience subjective lorsque nous prenons des décisions : il s'agit notamment de l'inférence causale, du voyage mental dans le temps, de l'anticipation épisodique et de la conscience de soi temporelle. Mais une pléthore de systèmes cognitifs *inconscients* y contribuent également. Ces deux systèmes – conscient et inconscient – travaillent de conserve pour générer notre comportement décisionnel. Et conduisent en fin de compte à la myopie de pronostic. Pour comprendre comment cela fonctionne, commençons par examiner le cas de mon animal préféré au monde : ma fille.

Ma fille, comme beaucoup d'enfants d'âge scolaire, est grincheuse le matin. Elle peut se montrer un peu hargneuse et a tendance à faire de sombres déclarations de préadolescente, comme «Je déteste l'école, tout le monde et tout le reste». Ce n'est amusant pour personne. Voici un conseil de parentalité créative : il est inutile de dire à votre préadolescent d'« arrêter d'être si négatif ». Essayez plutôt une technique de manipulation comportementale de la vieille école : le conditionnement opérant. C'est un moyen tellement puissant pour modifier inconsciemment le comportement que vous pouvez l'utiliser sur votre enfant même s'il est parfaitement conscient d'être manipulé.

Dans le but d'amener ma fille à être plus gentille le matin, je l'ai assise et lui ai expliqué comment mon plan de conditionnement opérant allait fonctionner (et ce qu'était le conditionnement opérant). L'idée de base est qu'elle reçoive sur-le-champ une récompense positive chaque fois qu'elle adopte le comportement désiré. Dans notre cas, elle recevrait du pop-corn au fromage chaque fois qu'elle dirait quelque chose de gentil. Rapidement, son cerveau a fait une association indélébile entre le fait de dire des choses gentilles et l'obtention de la délicieuse friandise. Son subconscient l'inciterait alors à faire des déclarations positives pour obtenir la dose d'endorphine accompagnant la consommation de pop-corn. C'était exactement la façon dont un scientifique aurait abordé une expérience sur le comportement animal, sauf que, dans mon cas, j'ai pu dire à mon sujet animal ce qui l'attendait exactement. Nous avons tous deux acté le fait que nous essayions d'entraîner son cerveau à générer plus de bonheur, un objectif auquel elle souscrivait totalement.

Et cela a fonctionné à merveille.

Chaque matin, je remplissais un sac plastique de pop-corn au fromage que je gardais avec moi, et lui lançais un grain de maïs soufflé chaque fois qu'elle disait des choses comme « Il fait froid ce matin, mais au moins j'ai une veste chaude » ou « J'ai hâte de manger des macaronis au fromage pour le déjeuner aujourd'hui ». Nos matinées sont soudain devenues plus lumineuses et plus joyeuses, et tout le monde s'en est trouvé de meilleure humeur. Elle n'était pas forcément heureuse d'aller à l'école, mais elle était plus heureuse qu'avant.

C'est l'une des plus anciennes méthodes dont dispose le cerveau pour prendre des décisions. Depuis les mouches jusqu'aux préadolescents, les cerveaux apprennent rapidement que certains comportements auront des conséquences positives (ou négatives) immédiates. Il s'agit d'une méthode simple et ancienne de prise de décision qui génère une sorte d'heuristique. En psychologie, une heuristique est un raccourci mental ou une règle empirique, souvent inconsciente, qui nous aide à prendre des décisions rapides. Ma fille n'avait plus besoin de perdre son temps à réfléchir à la demi-douzaine de choses qu'elle pourrait dire à la table du petit déjeuner et à micro-analyser comment et à quel point chacune de ses remarques ennuierait ses parents. Au lieu de cela, le conditionnement opérant a poussé son cerveau sur la voie de l'agréable.

Il est évident qu'un cerveau qui prend des décisions à l'emporte-pièce ne tient pas compte des conséquences à long terme. La prise de décision subconsciente et rapide fait donc partie intégrante du problème de la myopie de pronostic. Pour comprendre son rôle, il faut savoir à quel point ces heuristiques subconscientes sont courantes dans la prise de décision humaine.

Si vous vous êtes promené dans une librairie d'aéroport au cours des vingt dernières années, il y a de fortes chances que vous soyez tombé sur un certain nombre de livres de vulgarisation scientifique consacrés à la prise de décision humaine et démontrant avec force exemples qu'elle est régie – voire dominée – par des processus inconscients. Je pense à *Blink* de Malcom Gladwell, qui affirme que les décisions que nous prenons automatiquement (c'est-à-dire sans réflexion consciente) sont souvent meilleures que celles qui nous demandent des heures ou des jours de réflexion. Ou à *Thinking, Fast and Slow* de Daniel Kahneman, qui met au jour notre tendance à nous appuyer sur notre pensée rapide/automatique/inconsciente pour prendre des décisions (c'est-à-dire le système 1), et non pas sur notre pensée lente/calculatrice/consciente (c'est-à-dire le système 2). Il les décrit comme suit : « Les systèmes 1 et 2 sont tous deux actifs lorsque nous sommes éveillés. Le Système 1 s'exécute automatiquement alors que le Système 2 est plutôt dans un mode confortable (à faible effort), dans lequel seulement une partie de sa capacité est engagée. Le Système 1 génère continuellement des suggestions pour le Système 2 : impressions, intuitions, intentions et sentiments. Si elles sont approuvées par le Système 2, les impressions et les intuitions se transforment en croyances et les impulsions deviennent des actions volontaires. Lorsque tout se passe bien, ce qui est le cas la plupart du temps, le Système 2 adopte les suggestions du Système 1 avec peu ou pas de modifications[1]. »

De nombreux ouvrages influents exposent l'idée du pouvoir de la pensée inconsciente et de sa prédominance, notamment *Nudg*, de Richard H. Thaler, *The Power of Habit*, de Charles Duhigg, *How We Decide*, de Jonah Lehrer, *Sway*, d'Ori Brafman et *Why Choose This Book ?,* de Read Montague. Je voudrais m'arrêter un instant sur l'un d'entre eux : *Predictably Irrational*, de Dan Ariely. Ariely est un économiste comportemental spécialiste de la prise de décision humaine qui a contribué à populariser l'idée que les humains ne sont pas les êtres rationnels et conscients que nous croyons. Il affirme que c'est la structure de notre environnement immédiat qui nous pousse à prendre des décisions – nous les prenons donc inconsciemment. L'environnement extérieur déclenche des heuristiques et des biais cognitifs qui génèrent notre comportement sans qu'il y ait aucune nécessité d'y penser outre mesure ou de rationaliser consciemment. Il cite souvent l'exemple du comportement des donneurs d'organes[2]. Une étude désormais

1. Daniel Kahneman, *Thinking, Fast and Slow*, New York, Macmillan, 2011. Traduit par Raymond Clarinard, *Système 1 / Système 2. Les deux vitesses de la pensée*, Paris, Flammarion, 2012.
2. Dan Ariely, « Three main lessons of psychology », 5 mai 2008. danariely.com/2008/05/05/3-main-lessons-of-psychology/.

célèbre d'Eric Johnson et Daniel Goldstein a révélé que certains pays européens affichaient des taux extrêmement élevés de personnes consentant à donner leurs organes après leur mort, tandis que d'autres affichaient des taux très faibles[1]. Ces taux de consentement ne semblaient pas liés à des différences culturelles. Des pays comme les Pays-Bas avaient un taux de consentement au don de 27,5 %, alors que la Belgique, leur voisin immédiat, avec lequel ils partagent des liens culturels et linguistiques étroits, affichait un taux de consentement de 98 %. La différence, significative, entre les deux taux n'avait rien à voir avec la conception de chaque population par rapport au don d'organes ou aux décisions de fin de vie. Elle s'expliquait plutôt par le formulaire de don d'organes qu'il fallait remplir au moment de passer le permis de conduire.

Le formulaire néerlandais demandait aux personnes de cocher une case si elles souhaitaient participer au programme de don d'organes. Le formulaire belge, en revanche, leur demandait de cocher une case s'ils souhaitaient se retirer du programme. Il s'est avéré que le fait de cocher ou non la case sur l'un ou l'autre formulaire ne suscitait que rarement la réflexion des personnes quant à la question du don d'organes. En général, elles ne cochaient tout bonnement pas la case, sur aucun des deux formulaires. L'être humain a un penchant inconscient pour le statu quo. Lorsqu'il nous incombe de mettre en place une action soit pour changer de cap soit pour maintenir la situation en l'état, nous choisissons la solution de facilité. Dans le cas présent, les gens ne voulaient tout

1. Eric J. Johnson et Daniel Goldstein, « Do defaults save lives ? », *Science*, 302(5649), 2003, p. 1338-1339. DOI : 10.1126/science.1091721.

simplement pas se donner la peine de cocher une case. Lorsque les pays modifient leurs formulaires de permis de conduire pour la version « Cocher cette case pour ne pas participer », le consentement au don d'organes monte en flèche. C'est l'environnement – le formulaire, dans ce cas – qui, utilisant une heuristique cachée, incite ainsi les gens à prendre une décision inconsciente.

Il est important de noter que, lorsque l'on demande aux gens pourquoi ils ont pris la décision d'adhérer (ou non) à un programme de don d'organes, les pensées inconscientes qui les ont poussés à agir leur échappent complètement. « Ce qui se passe, c'est que les gens se racontent des histoires sur les raisons pour lesquelles ils ont pris ces décisions, a déclaré Ariely à Guy Raz, de *NPR*. Ils les décrivent comme s'ils avaient passé toute la semaine à les mûrir. Les personnes qui refusent le don d'organes disent par exemple "Vous savez, j'ai vraiment un souci avec le système médical, je me demande toujours si certains médecins ne vont pas me débrancher un peu trop tôt si j'accepte". Quant aux personnes qui ont choisi de participer, elles disent : "Mes parents m'ont appris à être un être humain merveilleux et attentionné"[1]. »

Ces personnes ne mentent pas. Leur esprit conscient cherche simplement à donner une explication *a posteriori* aux raisons qui les ont poussées à agir de la sorte. Mais c'est une illusion. « Nous pensons généralement que nous sommes assis sur le siège du conducteur, que nous avons le contrôle ultime des décisions que nous prenons et de la direction que prend notre vie, écrit Ariely dans

1. Dan Ariely, « When are our decisions made for us ? », *NPR*, 10 mars 2017. npr.org/transcripts/519270280.

Predictably Irrational. Hélas, cette perception a plus à voir avec nos désirs – avec la façon dont nous voulons nous voir – qu'avec la réalité. »

Cette histoire de donneurs d'organes est particulièrement pertinente pour illustrer le problème de la myopie de pronostic. La question de savoir ce qu'il adviendra de votre foie ou de votre cœur après votre mort vous oblige à une réflexion beaucoup trop complexe. Il est évident que vous avez une véritable sagesse de la mort. On vous demande également de prédire non seulement ce que *vous* penserez du don de vos organes des années ou des décennies plus tard (c'est-à-dire une capacité à modéliser des états mentaux futurs), mais aussi ce que *d'autres* personnes penseront de cette décision (par exemple, les receveurs de vos organes) par le biais de la théorie de l'esprit. La question du don d'organes requiert la matrice la plus complexe de la cognition et de la prise de décision humaines, qui accède au stade de la conscience dont nous avons parlé au chapitre V et dont les autres animaux sont dépourvus.

Et pourtant, notre décision de faire don de notre foie se résume en fin de compte à une simple heuristique, sans prétention, qui n'a pas grand-chose à voir avec toute cette cognition complexe et qui ne fait jamais son chemin jusqu'à la conscience. Nous sommes poussés à prendre cette décision par des forces mentales invisibles. Il y a tant d'exemples issus de la recherche qui révèlent que des forces cachées contrôlent nos décisions que l'on se demande si l'être humain dispose d'un quelconque libre-arbitre. Voici trois de mes exemples préférés :

> Les femmes seront plus attirées par les hommes qui ne sont pas leur partenaire sexuel juste après que leurs ovaires

> ont libéré un ovule et avant le début de leurs règles. Elles seront encore plus attirées par ces hommes si leur partenaire sexuel actuel a un visage asymétrique. Ainsi, si vous êtes une femme hétérosexuelle ou bi qui se trouve soudainement attirée par le garçon de café du Starbucks local, ce n'est pas seulement parce qu'il a une conversation amusante et un joli sourire. C'est parce que votre partenaire actuel a un nez crochu et que votre corps essaie de s'accoupler avec quelqu'un de plus symétrique[1].

Si vous êtes un Blanc résidant à New York, par exemple, et que je vous demande de regarder un écran vidéo pour voir à quelle vitesse vous êtes capable de reconnaître l'image d'un pistolet devenant nette petit à petit, vous identifierez l'objet plus rapidement si j'affiche d'abord à l'écran l'image du visage d'un Noir[2]. Même si le flash se produit si rapidement que vous n'en êtes pas conscient. Pourquoi ? Parce que les Blancs qui grandissent en Amérique du Nord développent un préjugé inconscient qui associe les Noirs à la criminalité. Et cela se vérifiera même avec les Blancs qui jurent qu'ils n'ont pas une once de racisme en eux.

Il est plus probable que vous achetiez de la confiture si vous voyez six variétés de confiture présentées sur une

1. Steven W. Gangestad, Randy Thornhill et Christine E. Garver-Apgar, « Women's sexual interests across the ovulatory cycle depend on primary partner developmental instability », *Proceedings of the Royal Society B : Biological Sciences*, 272(1576), 2005, p. 2023-2027.

2. Jennifer L. Eberhardt, Phillip Atiba Goff, Valerie J. Purdie et Paul G. Davies, « Seeing Black : Race, crime, and visual processing », *Journal of Personality and Social Psychology*, 87(6), 2004, p. 876-893. DOI.org/10.1037/0022-3514.87.6.876.

étagère que vingt-quatre variétés[1]. Pourquoi ? Parce que l'esprit humain fait l'expérience d'une *surcharge de choix* lorsqu'il y a trop d'options à considérer. Plus il y a de confitures entre lesquelles il faut choisir, plus nous sommes susceptibles de ne rien acheter. Nos décisions d'achat sont souvent basées sur l'apparence, la disposition des pots de confiture sur les étagères, et non sur le contenu de ces mêmes pots.

Je pourrais continuer *ad nauseam* à citer ces biais cognitifs et ces heuristiques acquises. Mais le message à retenir est le suivant : même lorsque nous pensons que nos décisions conscientes sont le fruit d'une réflexion lente, délibérée et rationnelle, elles sont souvent le produit d'un grand nombre de processus inconscients qui se déroulent en dehors de notre conscience – ou du moins s'opèrent-elles sous leur influence.

Le fait qu'une grande partie de la pensée humaine et de la prise de décision quotidienne soit influencée par des forces inconscientes est important pour comprendre la myopie de pronostic. Ce qui est ainsi mis en évidence, c'est que nos décisions sont souvent le produit d'émotions et d'heuristiques mentales invisibles, même si nous réfléchissons consciemment à un problème. Ces émotions et ces heuristiques étant conçues exclusivement pour résoudre des problèmes immédiats – et non des problèmes futurs à long terme –, la myopie de pronostic dispose de tout l'espace pour prendre racine.

Lorsque nous sommes confrontés à une décision dont les conséquences prendront place dans un avenir non

1. Sheena Sethi Iyengar et Mark Lepper, « When choice is demotivating : Can one desire too much of a good thing ? », *Journal of Personality and Social Psychology*, 79(6), 2000, p. 995-1006.

immédiat – que ce soit dans une heure, demain ou dans un an –, notre capacité d'anticipation épisodique et de conscience de soi temporelle nous permet de nous projeter dans cet avenir. Nous pouvons alors imaginer ce qu'il nous sera éventuellement donné de ressentir en fonction des différents choix que nous aurons faits. Mais si nous projetons ces scénarios dans un avenir plus lointain encore, grâce à notre cognition typiquement humaine, ils n'auront pas le même poids émotionnel que les scénarios qui se déroulent dans un avenir proche. L'armée de capacités inconscientes qui déclenchent nos préjugés et nos heuristiques pour nous aider à décider de ce qu'il faut faire dans le présent est mobilisée par la conscience que nous avons d'avoir faim *ici et maintenant*. Même si nous pouvons imaginer que nous aurons faim dans cinq mois, cette armée de capacités inconscientes n'exerce pas autant d'influence sur notre prise de décision que si nous avions faim *maintenant*. Ces processus inconscients ne sont pas conçus pour comprendre l'avenir. C'est le paradoxe de la myopie de pronostic : nous pouvons imaginer ce que nous ressentirons éventuellement dans le futur, mais ces sensations ne sont pas aussi significatives pour nous que nos sensations actuelles. Lorsque l'anticipation épisodique entre dans la phase d'improvisation de l'expérience subjective et se diffuse dans les parties subconscientes de l'esprit, certaines de ces parties ne comprennent tout simplement pas ce qu'elles regardent. Il s'agit de processus anciens que des centaines de millions d'années d'évolution ont sélectionnés pour gérer le présent. L'avenir lointain ne signifie rien pour eux. Notre capacité à comprendre l'avenir et même à nous y projeter entre donc en concurrence avec des systèmes décisionnels dont les composantes ne comprennent pas vraiment ce qu'on leur demande de faire.

Maintenant que nous comprenons un peu mieux comment fonctionne la prise de décision pour notre espèce, et comment la myopie de pronostic intervient, voyons ce qui se passe lorsque la prise de décision orientée vers l'avenir tourne mal.

Le problème de la myopie de pronostic au quotidien

La myopie de pronostic nous empêche de prendre de bonnes décisions pour l'avenir, car nous sommes fortement influencés par nos problèmes courants. Pour montrer comment cette difficulté nous affecte au quotidien, je vais avancer des exemples tirés de ma propre expérience. Je comparerai les décisions que j'ai prises au cours des dernières quarante-huit heures aux recommandations d'un robot décideur qui connaît toujours la solution optimale à tous mes problèmes. Ce robot, je l'appelle le Prognostitron. Disons que l'objectif du Prognostitron est de maximiser ma santé et mon bonheur, ainsi que la santé et le bonheur de ma future progéniture. On pourrait penser que j'ai le même objectif, mais les décisions que je prends très concrètement montreront que, de toute évidence, ce n'est pas le cas.

Premier exemple : Justin veut chanter une chanson.

Depuis quelques années, je retrouve chaque semaine quelques amis pour faire de la musique. Nous sommes tous des pères dans la force de l'âge, qui faisions partie de groupes de rock au lycée. De tous les scénarios possibles de crise de la quarantaine, c'est celui qui va le plus loin dans le cliché. Lors d'une de nos récentes séances, la soirée battait son plein lorsque 22 h 30 ont sonné. C'était la veille d'un jour d'école pour nos enfants, et aucun d'entre nous ne devait dépasser les onze heures, mais nous nous amusions comme des fous. Alors que nous commencions à ranger nos instruments dans leurs housses, l'un d'entre nous a demandé : « Est-ce qu'on a le temps pour une dernière chanson ? »

Que décider ? Le Prognostitron aurait dit que la seule ligne de conduite raisonnable était de dire non – de ranger ses affaires et d'être au lit à onze heures. Ma santé et mon bien-être auraient été maximisés si j'avais dormi au moins sept heures. C'est un fait indéniable. Alors, qu'est-ce que j'ai fait ?

J'ai dit : « Encore une chanson. »

À ce moment-là, j'avais pleine connaissance et conscience de la bonne décision à prendre. Mais mon esprit était noyé sous des tonnes d'informations contradictoires – dont certaines étaient inconscientes – qui me poussaient à rester. Je m'amusais, c'est certain, et mon cerveau voulait donc continuer à ressentir les effets de l'endorphine qui se libère chaque fois qu'on chante à tue-tête de la musique grunge des années 1990. Mais je craignais peut-être aussi de décevoir les autres si je partais plus tôt. Mon groupe en particulier n'est guère sujet à la pression toxique des pairs, mais il est impossible d'échapper à ce souci fondamental de la condition humaine, celui de la considération sociale. Mon désir inconscient de maintenir des liens sociaux avec mes pairs m'a poussé à rester. Bien sûr, j'avais la capacité d'imaginer (grâce à l'anticipation épisodique) dans quel état je serais le lendemain si je décidais de rester debout après l'heure du coucher : d'humeur grincheuse et dans le cirage. Nous connaissons tous ce sentiment – combien d'entre nous ont déjà fait l'expérience de rester éveillé pour enchaîner les épisodes d'une série alors qu'ils savaient qu'ils devaient se lever tôt le lendemain matin ? Malgré ma capacité d'anticipation épisodique et ma capacité à comprendre – intellectuellement – que je serais fatigué, le plaisir que je prenais à ce moment-là m'a dissuadé de choisir la meilleure option.

Nous avons donc joué quelques chansons supplémentaires, et je ne suis rentré chez moi qu'à minuit. Et le lendemain, j'étais une véritable épave. C'est la myopie de pronostic en action : j'étais capable de savoir exactement, à un niveau intellectuel, l'effet qu'aurait le fait de veiller tard sur mes futurs états affectifs et physiologiques, mais mon esprit justifiait de mal agir parce que je ne pouvais pas sentir les conséquences de mes actions d'une manière qui soit significative pour mon processus de prise de décision. Je savais intellectuellement que je serais fatigué. Et, lorsque je me suis réveillé le lendemain, j'étais exactement cela : fatigué. Mais c'est à ce moment-là, et à ce moment-là seulement, que j'ai ressenti toutes les conséquences de mes décisions.

Deuxième exemple : Justin veut regarder un film à l'eau de rose.

En tant que travailleur freelance, je travaille la plupart du temps chez moi. Je n'ai pas de patron qui me surveille pour s'assurer que je reste concentré. Pour toute contrainte, j'ai mes listes de choses à faire, mes échéances et un vague sentiment d'« Allez, avance ! ». En d'autres termes, c'est l'autodiscipline qui détermine ma productivité. Hier, cependant, je ne le sentais pas vraiment. Mon niveau de procrastination n'avait jamais été aussi élevé. Pour me sortir de ce mauvais pas, ma femme m'a demandé si je voulais regarder un film de Noël avec elle après le déjeuner. Notre relation implique beaucoup de visionnage de films ensemble : nous rions comme des fous devant des navets. C'est un moyen sûr de me remonter le moral, et c'est aussi pour cela qu'elle me le suggérait.

J'avais maintenant une décision à prendre : passer l'après-midi à regarder Netflix ou retourner au travail. Le Prognostitron me suggérerait la réponse la plus évidente : va t'asseoir derrière ton ordinateur et travaille. Ne pas m'y mettre aurait des conséquences potentiellement terribles. Manquer une échéance ou décevoir un client qui m'a engagé pour un travail pourrait me faire perdre des contrats futurs, ce qui entraînerait une grave détresse émotionnelle, sans parler des difficultés financières. C'est une évidence : Oublie le film à l'eau de rose et va travailler.

Qu'ai-je donc choisi de faire ? Évidemment, j'ai regardé *A Christmas Prince*. Qui, soit dit en passant, n'est pas du tout un navet. Rose McIver est un délice, je vous le dis.

Mais comment l'ai-je justifié ? Je savais aussi bien que le Prognostitron ce qui était en jeu et ce que j'aurais dû faire. Mais je voulais aussi faire quelque chose pour chasser les pensées négatives qui me traversaient l'esprit à ce moment-là. Et le moyen le plus simple d'y parvenir était de me distraire. Et bien sûr, regarder un film, c'était passer du temps de qualité avec ma partenaire de vie, ce qui est intrinsèquement gratifiant. Mon esprit avait du mal à trouver un équilibre entre le besoin de gratification immédiate et les conséquences négatives à long terme de ma décision. J'étais étrangement indifférent à mes souffrances futures, grâce à ma myopie de pronostic.

Edward Wasserman et Thomas Zentall, deux psychologues célèbres pour leurs travaux sur la cognition animale, ont rédigé un essai en 2020 pour *NBC News* dans lequel ils tentent d'expliquer pourquoi les humains comme moi sont si peu enclins à se soucier des conséquences à long terme de leurs décisions :

> Les besoins urgents de survie (dont on pense qu'ils sont médiés par des systèmes cérébraux plus anciens que nous partageons avec de nombreux autres animaux) signifient que nous continuons à adopter des comportements impulsifs. Et ces comportements, qui ont autrefois favorisé notre survie et notre succès reproductif, sont aujourd'hui sous-optimaux parce que nous vivons dans un environnement où les contingences à long terme jouent un rôle de plus en plus important dans nos vies[1].

Cela explique pourquoi ma vie quotidienne est tellement remplie de myopie de pronostic. Mais cela explique aussi l'une de ses conséquences bien plus sinistres. Parce que les êtres humains vivent dans un monde chargé de contingences à long terme, nos mauvaises décisions n'affectent pas seulement notre vie quotidienne. Les êtres humains d'aujourd'hui prennent des décisions dont les conséquences négatives ne seront ressenties par d'autres êtres humains que dans de nombreuses années. Souvent, dans plusieurs générations. Or, notre esprit n'est tout simplement pas conçu pour ressentir ces conséquences. En fait,

1. Edward Wasserman, « Surviving COVID-19 may mean following a few simple rules. Here's why that's difficult for some », *NBC News*, 4 août 2020. nbcnews.com/think/opinion/surviving-covid-19-means-following-few-simple-rules-here-s-ncna1235802.

en matière de prise de décision, plus nous nous projetons dans l'avenir, moins nous nous en soucions. Imaginer ce que sera le monde dans trois cents ans, bien après notre mort, finit d'enlever l'importance émotionnelle qui pouvait être encore présente dans l'anticipation épisodique. Nous ne plaçons plus notre moi temporel au centre de ces projections sous forme de voyage dans des siècles futurs, mais nous essayons d'imaginer notre hypothétique progéniture marchant dans un paysage hypothétique presque inimaginable. Il s'agit tout simplement d'un exercice intellectuel très éloigné du type de décisions que notre esprit a appris à prendre, au cours de son évolution. Et c'est ainsi que la myopie de pronostic pourrait nous tuer.

L'AVENIR CATASTROPHIQUE DE LA MYOPIE DE PRONOSTIC

En 2016, la Global Challenges Foundation a publié un rapport dans lequel elle estime qu'il y a « 9,5 % de risques que l'humanité s'éteigne au cours des cent prochaines années[1] ». Les trois voies les plus probables ont été identifiées comme étant : 1) l'holocauste nucléaire, 2) le changement climatique et 3) l'effondrement écologique[2]. Chacun de ces scénarios résulte de l'introduction par l'homme de technologies (armes nucléaires, moteurs à combustion, etc.) qui endommageront si effroyablement la Terre qu'elle ne pourra plus supporter la vie humaine.

1. Owen Cotton-Barratt *et al.*, *Global Catastrophic Risks*. A report of the Global Challenges Foundation/Global Priorities Project, 2016.
2. *Global Risks*, Global Challenges Foundation, *s. d.*, globalchal lenges. org/global-risks/.

Ce n'est pas que nous n'ayons pas compris les conséquences négatives potentielles de certaines de ces technologies lorsqu'elles ont vu le jour. Ce serait trop simple. La recherche de la fission de l'atome, par exemple, a été entreprise spécifiquement parce que nous en souhaitions les conséquences négatives (c'est-à-dire que nous voulions inventer des bombes capables de tuer des millions de personnes en une seule fois). Les responsables de la création des armes nucléaires ont ouvertement blâmé (ou peut-être loué ?) la myopie de pronostic qui leur a permis de mener leur programme à bien. Robert Christy, l'un des scientifiques du projet Manhattan, a déclaré un jour : « J'avais vu des photos d'Hiroshima, de personnes souffrant de brûlures très graves et dont la chair des bras tombait en lambeaux. On ne pense pas à ces choses-là quand on travaille sur un projet. On pense à résoudre les problèmes immédiats[1]. »

Il nous est facile d'écarter de la scène de la conscience ces capacités cognitives de prédiction de l'avenir et d'orienter plutôt notre esprit vers la gestion des problèmes dans l'instant présent. Cette capacité est étroitement liée au type de déni dont Ajit Varki présume le rôle essentiel qu'il joue dans notre aptitude à compartimenter les pensées de notre propre mort (et de celle des autres). Le déni nous aide à repousser ces pensées dans les ténèbres de notre inconscient et à poursuivre la construction d'une bombe.

Ce qui nous conduit au meilleur exemple de menace existentielle que représente la myopie de pronostic : une histoire de prise de décision et de déni qui couvre à la

1. globalzero.org/updates/scientists-and-the-bomb-the-destroyer-of-worlds/.

fois les deuxième et troisième moyens les plus probables d'extinction de l'humanité, tels qu'ils ont été identifiés par la Global Challenges Foundation. Et la décision dont il s'agit implique d'introduire une pratique dans le monde en toute connaissance de cause de la destruction qu'elle causerait. Je parle bien sûr des combustibles fossiles.

Commençons par cette réserve : il est impossible d'identifier dans l'histoire récente un instant T unique où nous serions passés de la connaissance que les émissions de carbone provenant de la combustion des combustibles fossiles *pourraient* être à l'origine du changement climatique à la *certitude* qu'elles en sont la cause. Il a fallu du temps pour que le consensus se construise. Quoi qu'il en soit, voici ce que nous savons aujourd'hui de ce que savait l'industrie pétrolière quant à son rôle dans l'aggravation des dommages causés à l'environnement mondial. En 1968, Elmer Robinson et R. C. Robbins, deux chercheurs de l'Institut de recherche de Stanford, ont présenté à l'American Petroleum Institute un rapport sur les polluants atmosphériques[1]. Ils ont pris soin d'inclure des informations sur les dangers du dioxyde de carbone libéré par la combustion des combustibles fossiles. Ils ont averti que « le CO_2 joue un rôle important dans l'établissement de l'équilibre thermique de la Terre » et qu'une trop grande quantité de dioxyde de carbone dans l'atmosphère entraînerait un « effet de serre », qui se traduirait par « la fonte de la calotte glaciaire de l'Antarctique, une élévation du niveau des mers, un réchauffement

1. Elmer Robinson et Robert C. Robbins, *Sources, abundance, and fate of gaseous atmospheric pollutants. Final report and supplement*, United States, 1969.

des océans et une augmentation de la photosynthèse ». Ils concluaient que « l'homme est maintenant engagé dans une vaste expérience géophysique avec son environnement, la Terre. Il est presque certain que des changements de température importants se produiront d'ici l'an 2000 et qu'ils pourraient entraîner des changements climatiques », et qu'« il ne fait aucun doute que les dommages potentiels causés à notre environnement pourraient être graves ». En d'autres termes, Robinson et Robbins ont présenté à l'industrie pétrolière les conclusions auxquelles la science de l'époque était parvenue. Rien de tout cela ne devrait surprendre : plus de cinquante ans plus tard, ces différents points font toujours partie du pronostic.

La réaction de l'industrie pétrolière a été toutefois de ne pas ralentir l'extraction des combustibles fossiles.

Dix ans plus tard, en 1978, le directeur de l'Institut d'études spatiales de la NASA, le Dr James Hansen, a été convoqué devant la Commission sénatoriale de l'énergie et des ressources naturelles des Etats-Unis. Dans son témoignage, il a confirmé au gouvernement américain – et au monde entier – que les avertissements de Robinson et Robbins étaient en fait une réalité indéniable. Il a déclaré que « le réchauffement climatique a atteint un niveau tel que nous pouvons attribuer avec un degré élevé de confiance une relation de cause à effet entre l'effet de serre et le réchauffement observé... À mon avis, l'effet de serre a été détecté et il modifie actuellement notre climat ». La cause, comme Hansen l'a expliqué au Sénat, est le dioxyde de carbone libéré par la combustion des combustibles fossiles.

Pour autant, la réaction de l'industrie pétrolière a été une nouvelle fois de ne pas ralentir l'extraction des combustibles fossiles.

En 2014, ExxonMobil a publié un rapport contenant la déclaration suivante : « ExxonMobil prend au sérieux le risque du changement climatique et continue de prendre des mesures significatives pour aider à faire face à ce risque et pour s'assurer que nos installations, nos opérations et nos investissements sont gérés en tenant compte de ce risque[1]. » C'était la première fois, on a largement commenté ce fait, qu'ExxonMobil reconnaissait que le changement climatique était « réel » et que l'industrie des combustibles fossiles avait un rôle à jouer pour redresser la situation.

Pour autant, la réaction de l'industrie pétrolière a été – vous l'aviez deviné ? – de ne pas ralentir l'extraction des combustibles fossiles.

Pourquoi les preuves scientifiques n'ont-elles pas convaincu les acteurs de l'industrie des combustibles fossiles ? Pourquoi, depuis le premier rapport de Robinson et Robbins, en 1968, l'extraction de combustibles fossiles a-t-elle augmenté chaque année, et ce jusqu'à aujourd'hui[2] ?

---

1. Des copies de ce rapport sont disponibles en ligne sous le titre de « Energy and Carbon – Managing the Risks ». Pour plus d'informations, voir l'article de Meagan Clark, « ExxonMobil acknowledges climate change risk to business for first time », *International Business Times*, 1er avril 2014. ibtimes.com/exxon-mobil-acknowledges-climate-change-risk-business-first-time-1565836.

2. Les données peuvent être consultées ici : Hannah Ritchie et Max Roser, *Energy*, 2020. ourworldindata.org/energy. Les baisses occasionnelles des taux d'extraction semblent refléter les fluctuations de l'offre de pétrole et des prix, et non les efforts déployés par l'industrie pour réduire l'extraction dans le cadre d'une politique de lutte contre le changement climatique.

Si les enjeux sont si importants – et nous les connaissons depuis si longtemps –, pourquoi l'industrie n'a-t-elle pas agi plus tôt ? La réponse est qu'à aucun moment les décideurs de l'industrie des combustibles fossiles n'ont éprouvé un sentiment d'urgence, à aucun des moments où le problème leur était soumis. Le problème qu'on leur demandait d'examiner concernait un avenir lointain. Dans cent ans. Une époque où ils seraient morts depuis longtemps. D'ailleurs, pour ce qui est de leurs intérêts immédiats, combien de richesses ont-elles été générées par l'industrie des combustibles fossiles ? Combien de millionnaires ou de milliardaires a-t-elle faits ? Combien d'emplois a-t-elle créés ? Notre prospérité actuelle et future immédiate repose sur la prolifération des voitures, des trains et des avions, qui fonctionnent tous grâce aux produits de l'industrie pétrolière. C'est la myopie de pronostic qui est à l'œuvre. Ils pouvaient tout bonnement ignorer les preuves, aussi accablantes soient-elles, parce qu'ils se concentraient sur le problème immédiat (et les avantages immédiats). Tout comme Robert Christy lorsqu'il bricolait la bombe A. Bien sûr, ils ont parfois fait plus qu'ignorer, ils ont parfois activement obscurci la vérité. Nous avons un enregistrement vidéo de juillet 2021 montrant le (désormais ex-)directeur principal des relations fédérales d'ExxonMobil Corporation, Keith McCoy, en train d'admettre que l'entreprise a agi de la sorte. « Nous sommes-nous battus agressivement contre certaines données scientifiques ? Oui. Avons-nous rejoint certains de ces groupes fantômes pour travailler contre certains des premiers efforts ? Oui, c'est vrai. Mais il n'y a rien d'illégal à cela. Vous savez, nous nous préoccupions de nos investissements, nous nous préoccupions de nos actionnaires. »

Cependant, je ne vois pas Keith McCoy comme une canaille cynique, mais plutôt comme une victime de la myopie de pronostic. Comme la plupart des humains, il n'a pas ce qu'il faut pour ressentir réellement ce que seront les conséquences futures de ses actions actuelles. Aucun d'entre nous ne l'a. Et par conséquent, nos systèmes sociaux, financiers et politiques reflètent cette réalité. « Notre système politico-juridique a été développé pour traiter des questions structurées, à court terme, de cause à effet direct (l'exact opposé de la question du climat) », suggère le rapport *Global Catastrophic Risks 2020*[1]. Cela explique pourquoi les gouvernements et les entreprises sont si lents à agir au regard des rapports prévoyant notre extinction imminente. Nous avons construit nos sociétés sur l'échafaudage de la myopie de pronostic.

Certaines personnes semblent toutefois ressentir pleinement l'avenir lointain et font de leur mieux pour pousser les systèmes politico-juridiques à l'action. Greta Thunberg, par exemple. Dans le discours qu'elle a prononcé lors de la réunion annuelle du Forum économique mondial à Davos en janvier 2020, dans le cadre de sa campagne « Skolstrejk för klimatet » (« Grève de l'école pour le climat »), elle s'est exprimée avec les mots d'une personne dont le cerveau est tout entier mobilisé ici et maintenant par un sentiment de peur lorsqu'il envisage des scénarios pour l'avenir :

> Nous avons tous le choix. Nous pouvons créer une action transformationnelle qui préservera les conditions de vie

1. *Global Catastrophic Risks 2020*, A report of the Global Challenges Foundation/Global Priorities Project, 2020.

> des générations futures. Ou bien nous pouvons continuer à faire comme si de rien n'était et échouer. Nous devons changer presque tout dans nos sociétés actuelles. Je veux que vous paniquiez. Je veux que vous ressentiez la peur que je ressens chaque jour. Et ensuite, je veux que vous agissiez. Je veux que vous agissiez comme vous le feriez en cas de crise. Je veux que vous agissiez comme si notre maison était en feu. Parce que c'est le cas[1].

De toute évidence, notre espèce n'agit pas comme si notre maison était en feu. Malgré la prise de conscience généralisée du fait que le changement climatique est un problème réel causé par les émissions de carbone d'origine humaine, et malgré le fait que les nations et les dirigeants, partout dans le monde, ont promis de réduire les émissions et ont fait des choses comme signer l'Accord de Paris (qui vise à réduire les émissions mondiales de gaz à effet de serre), la réalité est que, partout sur la planète, nous ne faisons qu'accroître les quantités de carbone que nous rejetons. Les émissions de gaz à effet de serre devraient augmenter de 16 % d'ici à 2030[2]. Cela entraînera une hausse de la température atmosphérique mondiale de 2,7 degrés Celsius d'ici la fin du siècle. Une hausse de cette ampleur se traduira par de graves problèmes alimentaires, de mauvaises récoltes, de fortes pluies, des vagues de chaleur et des incendies

1. Greta Thunberg, « "Our house is on fire" : Greta Thunberg, 16, urges leaders to act on climate », *The Guardian*, 25 janvier 2019. theguardian.com/environment/2019/jan/25/our-house-is-on-fire-greta-thunberg16-urges-leaders-to-act-on-climate.

2. unfccc.int/news/full-ndc-synthesis-report-some-progress-but-still-a-big-concern.

qui rendront la majeure partie de la planète inhabitable[1]. Cette situation a déjà commencé à affecter les populations les plus vulnérables de la planète. C'est pourquoi il y a 9,5 % de risques que l'humanité s'éteigne d'ici cent ans. Aussi catastrophique que cela puisse paraître, grâce à la myopie de pronostic, il ne semble pas qu'il y ait suffisamment de volonté politique pour y faire obstacle. C'est pourquoi Greta a de nouveau interpellé les dirigeants mondiaux lors du sommet Youth4Climate qui s'est tenu à Milan, en Italie, en septembre 2021 :

> Mieux reconstruire. Bla, bla, bla. Économie verte. Bla bla bla. Zéro émission d'ici 2050. Bla, bla, bla. C'est tout ce que nous entendons de la part de nos prétendus dirigeants. Des mots qui sonnent bien mais qui, jusqu'à présent, n'ont pas débouché sur des actions. Nos espoirs et nos ambitions se noient dans leurs promesses vides. Cela fait maintenant trente ans qu'ils font du bla-bla, et où cela nous a-t-il menés ? Nous pouvons encore inverser la tendance – c'est tout à fait possible. Cela nécessitera des réductions drastiques et immédiates des émissions annuelles. Mais pas si les choses continuent comme aujourd'hui. L'inaction délibérée de nos dirigeants est une trahison à l'égard de toutes les générations, présentes et futures[2].

1. Oliver Milman, Andrew Witherspoon, Rita Liu et Alvin Chang, « The climate disaster is here », *The Guardian*, 14 octobre 2021. theguardian.com/environment/ng-interactive/2021/oct/14/climate-change-happening-now-stats-graphs-maps-cop26.
2. Cité dans Damian Carrington, « "Blah, blah, blah" : Greta Thunberg lambasts leaders over climate crisis », *The Guardian*, 28 septembre 2021. theguardian.com/environment/2021/sep/28/blah-greta-thunberg-leaders-climate-crisis-co2-emissions.

La myopie de pronostic touche clairement nos dirigeants mondiaux ainsi que chacun d'entre nous. Personne n'est à l'abri de la dissonance cognitive qu'elle suscite. Même lorsque les enjeux sont aussi importants que l'extinction de la planète. Considérons qu'un enfant né aujourd'hui a cinq fois plus de chances de mourir du fait d'un événement d'extinction mondiale que dans un accident de voiture. Pensez-y un instant. Considérez le nombre d'heures que les gens passent au volant, puis relisez cette phrase. Pourtant, si je suis honnête, je ne ressens pas du tout ce danger personnellement.

Si vous me disiez que, si je continuais à conduire ma fille à l'école tous les jours, il y aurait 9,5 % de risques qu'elle meure dans un accident de voiture, je trouverais certainement aussi vite que possible d'autres moyens de transport. Je ressentirais ce danger au plus profond de mes os. Mais, si vous me disiez que si je continue à conduire ma fille à l'école, il y a 9,5 % de risques que mon arrière-arrière-petite-fille meure d'un effondrement écologique, est-ce que j'arrêterais de prendre la voiture ? Non. Même si tel est l'avenir promis à ma famille, je suis là, au volant de ma Subaru, comme si tout allait bien.

Les humains n'ont tout simplement pas la capacité d'évaluer les conséquences de leurs actions à long terme sur la base des mêmes critères que pour les décisions à court terme. Qu'en est-il de Greta ? Pourquoi est-elle unique, ou apparemment unique, par rapport à beaucoup d'entre nous ? Greta attribue à son autisme la capacité de rester concentrée sur les problèmes futurs et de ne pas se laisser distraire par la myopie de pronostic[1]. « J'ai le syndrome d'Asperger, et cela signifie que je suis parfois un peu différente de la norme, a-t-elle tweeté. Et si les circonstances s'y prêtent, être différent est un super-pouvoir[2]. » Hormis une poignée de visionnaires d'exception, l'espèce humaine à laquelle nous appartenons n'est pas conçue pour prendre ses décisions de cette façon. Beaucoup d'entre nous n'ont pas de superpouvoirs comme Greta ; nous sommes simplement handicapés par une myopie de pronostic.

Je voudrais prendre un moment pour m'adresser directement à ceux d'entre vous qui liront ces mots au tournant du millénaire, y compris mes propres arrière-arrière-petits-enfants. Au nom de ma génération, je vous présente mes excuses. Je suis né dans les années 1970 et j'ai atteint l'âge adulte pendant le boom industriel et capitaliste qui s'est emparé de l'Amérique du Nord dans les années 1980 et 1990. Personne ou presque ne parlait alors de la façon dont notre comportement pouvait affecter la santé de la Terre. Bien que de nombreux scientifiques aient évoqué à l'époque le « recyclage », les « pluies acides » ou le « réchauffement de la planète », les gens ordinaires ne se sont pas vraiment attardés sur toute cette affaire de

1. Alison Rourke, « Greta Thunberg responds to Asperger's critics : "It's a superpower" », *The Guardian*, 2 septembre 2019. theguardian.com/environment/2019/sep/02/greta-thunberg-responds-to-aspergers-critics-its-a-superpower.

2. Greta Thunberg, « When haters go after your looks and differences, it means they have nowhere left to go. And then you know you're winning ! I have Aspergers and that means I'm sometimes a bit different from the norm. And – given the right circumstances – being different is a superpower », #aspiepower. *Twitter*, 31 août 2019. twitter.com/GretaThunberg/status/1167 916177927991296 ?.

changement climatique jusqu'à ce qu'il devienne évident – au tournant du millénaire – que nous nous engagions sur une voie sombre. Je tiens également à m'excuser personnellement : je continue à rouler dans ma Subaru alors que je sais exactement ce que cela signifie pour vous.

En tant qu'êtres humains, nous sommes victimes de notre succès. Il n'y a jamais eu sur cette planète d'espèce capable de transformer fondamentalement l'environnement terrestre comme nous l'avons fait. Il est donc temps de remettre les choses en perspective. Face au spectre de la myopie de pronostic, voici le moment venu de déterminer la valeur de l'intelligence humaine.

7

L'EXCEPTIONNALISME HUMAIN

Sommes-nous en train de gagner ?

> « *Toutes* les sciences devront préparer dorénavant la tâche du philosophe de l'avenir : cette tâche consiste, pour le philosophe, à résoudre le *problème de l'évaluation*, à déterminer la *hiérarchie des valeurs*[1]. »
>
> Nietzsche

Éric Barcia avait soigneusement calculé la hauteur du pont ferroviaire qui enjambait le lac Accotink, à Springfield, en Virginie. Il y avait presque vingt-deux mètres entre le bord du pont et le déversoir en béton situé en contrebas. Amateur de saut à l'élastique, décrit par sa grand-mère comme « très intelligent à l'école[2] », Barcia

1. Frédéric Nietzsche, *La Généalogie de la morale*, traduction par Henri Albert, *Œuvres complètes*, vol. 11, Paris, Mercure de France, 1900 [troisième édition], *Première dissertation*, « Remarque », p. 82.
2. Mike Allen, « Reston man, 22, dies after using bungee cords to jump off trestle », *The Washington Post*, 13 juillet 1997. washingtonpost.com/archive/local/1997/07/13/reston-man-22-dies-after-using-bungee-cords-to-jump-off-trestle/f9a074b2-837d-4008-a0a7-687933268f62/.

avait assemblé plusieurs cordes élastiques et créé ainsi une unique corde d'environ 22 mètres de long. Au petit matin du 12 juillet 1997, il avait attaché un bout de la corde de fortune à ses chevilles, et l'autre extrémité au parapet, et il avait sauté du pont.

Son corps avait été retrouvé peu après par un joggeur. Comme les élastiques s'étirent lorsqu'on les tire (un fait que Barcia n'avait pas pris en compte), il avait sous-estimé la longueur de la corde d'environ dix-huit mètres.

La tentation est forte de se moquer de la stupidité de Barcia. Mais ce n'est pas la stupidité qui est en jeu ici. L'erreur de calcul de Barcia sur la longueur de la corde n'est qu'une triste note de bas de page dans l'histoire beaucoup plus vaste des prouesses cognitives humaines. Le fait de se tenir au bord de ce pont et de concevoir un plan aussi élaboré témoigne de tout ce que l'esprit humain a d'extraordinaire. Sa mort est le résultat d'une simple erreur mathématique. Même des scientifiques hyper intelligents spécialisés dans les fusées commettent ce type d'erreurs. Rappelez-vous lorsque la sonde Mars Climate Orbiter, d'une valeur de 125 millions de dollars, a brûlé dans l'atmosphère de la planète rouge en 1999. Les ingénieurs du Jet Propulsion Laboratory de la NASA avaient utilisé le système métrique pour calculer la trajectoire de l'orbiteur, tandis que les ingénieurs de Lockheed Martin Astronautics (qui avaient construit le logiciel de l'orbiteur) parlaient en pouces, pieds et livres. Résultat ? Lors de sa mise en orbite, la sonde spatiale s'était retrouvée 170 kilomètres trop bas. Comme Barcia, elle s'était précipitée vers la mort, sans autre cérémonie, mettant un terme tragique à une histoire d'ingéniosité humaine par ailleurs remarquable.

Ce livre poursuit l'objectif de déterminer ce que des histoires comme celle de Barcia nous apprennent sur la valeur de l'intelligence humaine. Depuis le premier chapitre, je répertorie les compétences cognitives qui relèvent de l'intelligence afin de déterminer si l'esprit humain est exceptionnel et/ou s'il est une bonne chose. Sinon, serions-nous mieux lotis (individuellement et en tant qu'espèce) avec l'esprit d'un autre animal ?

Examinons de plus près le cas de notre sauteur à l'élastique amateur. Que s'est-il passé exactement dans son esprit, qui devait finalement le conduire à la mort ? Barcia avait manifestement planifié son saut plusieurs jours, voire plusieurs semaines, à l'avance. Cela signifie que, contrairement à la plupart des autres espèces animales, il était capable d'imaginer une version de lui-même dans un scénario futur tel qu'il éprouverait un sentiment particulier (joie, peur, excitation, etc.) en sautant du pont. En d'autres termes, exactement ce qu'attend habituellement un accro à l'adrénaline. Le plan lui-même impliquait une connaissance intime des causes et des effets – une forme d'inférence causale qui est la marque de notre espèce. La plupart des animaux comprennent que les choses tombent, mais Barcia avait une connaissance plus approfondie des charges de tension, des trajectoires, de la mécanique classique, etc. Il savait, par exemple, qu'attacher une corde autour de ses chevilles l'empêcherait de s'écraser au sol. Et, bien sûr, Barcia était parfaitement conscient que sauter d'un pont de plus de vingt mètres de haut – quelles que soient les circonstances – est intrinsèquement dangereux et donc effrayant. Mais, comme tout amateur de sensations fortes vous le dira, surmonter cette peur fait partie du plaisir. Après tout, il sautait à l'élastique, il n'essayait pas de se tuer. Tout ce que nous avons évoqué tout au long de ce livre sur le caractère unique de l'esprit humain se retrouve ici.

Imaginez maintenant que Santino – le chimpanzé lanceur de pierres que nous avons rencontré au chapitre III – se tienne à côté de Barcia sur le bord du pont. Quelle est la différence entre les processus de pensée de Santino et de Barcia à ce moment-là ? Les chimpanzés étant nos plus proches parents sur le plan de l'évolution, il suffira de comparer la façon dont Santino et Barcia aborderaient ce scénario pour recueillir des enseignements importants sur l'exceptionnalisme humain et sur le fonctionnement de notre esprit par rapport à d'autres animaux. Santino, pour mémoire, ne s'attacherait jamais une corde autour des chevilles et ne se jetterait pas d'un pont de chemin de fer en quête d'une poussée d'endorphine.

Commençons par le commencement : les animaux non humains ont-ils un comportement de quête de sensations fortes ? Il y a, chez de nombreuses espèces animales, un comportement de quête de la nouveauté – un proche cousin de la recherche de sensations fortes. Prenons l'exemple des chats. YouTube regorge d'exemples de chats qui se mettent dans des situations dangereuses parce qu'ils aiment explorer des scénarios potentiellement dangereux (par exemple, de grands arbres, des espaces restreints...). Mais l'exemple le plus évident de quête de nouveauté et de sensations fortes chez les animaux se trouve chez les macaques sauvages d'Inde, que l'on peut visionner dans l'édition 2017 de *Spy in the Wild*, de la BBC[1]. Ces singes grimpent sur un pilier de cinq mètres surplombant une fontaine d'extérieur et se jettent dans un bassin étroit, alors même que l'expérience risque de se terminer pour eux par une grave blessure, voire par la mort s'ils commettent la plus infime erreur d'appréciation et ne tombent pas dans l'eau. Bien que cela soit beaucoup moins dangereux que de sauter d'un pont de vingt mètres au-dessus d'une surface en béton, il est indéniable que ces singes s'adonnent à une activité dangereuse dont ils tirent du plaisir malgré (ou à cause) des risques encourus.

Qu'est-ce qui empêche Santino de sauter à l'élastique ? Il est possible, voire probable, qu'un chimpanzé brûle de s'engager dans un comportement dangereux de quête de sensations fortes, comme le font les macaques plongeurs. Mais le saut à l'élastique et la plongée en piscine, pour déboucher sur des sensations fortes, requièrent des capacités cognitives distinctes. Le plan que Santino devrait élaborer, impliquant l'assemblage de matériaux pour créer une corde élastique, prendrait des jours pour être mené à bien – et exigerait donc des compétences de voyage mental dans le temps qu'il ne possède probablement pas. Il aurait également besoin d'une connaissance approfondie des causes et des effets – une compréhension de ce qui arrive à un objet qui tombe et qui est fixé à un autre objet par un matériau élastique. Il lui faudrait ensuite assembler cet outil sophistiqué et trouver un moyen de se le fixer à lui-même et au pont ; et ces compétences sont apparemment bien au-dessus de son

1. Downer, John (auteur, dir.), « Mischief » (Saison 1, Épisode 4), *Spy in the Wild*, BBC Worldwide, 2017.

niveau. Il s'agit d'une sorte de spécialisation du pourquoi dont les chimpanzés sont dépourvus. Même si Santino rêvait de sauter à l'élastique, il ne serait tout simplement pas assez intelligent pour le faire.

Mais c'est une bonne chose. Le projet de saut à l'élastique de Barcia était un cas complexe de cognition humaine qui a mal tourné. C'est son intelligence, et non sa stupidité, qui est directement responsable de sa mort. Santino, en théorie le moins intelligent des deux, s'est comporté de manière plus intelligente *précisément* parce qu'il était moins intelligent. En d'autres termes, l'intelligence entraîne parfois un comportement très stupide.

Prenons l'exemple d'une bataille entre l'esprit humain et celui de l'animal qui met en évidence les pièges – ou peut-être l'impuissance – de l'intelligence humaine. Il existe trois espèces de punaises de lit qui se nourrissent des humains pendant qu'ils dorment *(Cimex lectularius, Cimex hemipterus* et *Leptocimex boueti)*[1]. Les punaises de lit sont attirées par notre chaleur corporelle, notre odeur corporelle et le dioxyde de carbone que nous exhalons lorsque nous respirons[2]. Ce sont des insectes étrangement plats, ce qui leur permet de se cacher dans des endroits où l'on ne penserait jamais les chercher. Ils peuvent se glisser dans des fissures de l'épaisseur d'une feuille de papier. Et comme ils se nourrissent exclusivement de notre sang, ils trouvent des cachettes près des endroits où

1. Steffen Roth *et al.*, « Bedbugs evolved before their bat hosts and did not co-speciate with ancient humans », *Current Biology*, 29(11), 2019, p. 1847-1853.
2. William Thomas Hentley *et al.*, « Bed bug aggregation on dirty laundry : A mechanism for passive dispersal », *Scientific Reports*, 7(1), 2017.

nous dormons. Ils nous préfèrent lorsque nous sommes immobiles dans notre lit – nous constituons alors une cible plus facile. Toute leur biologie est centrée sur la lecture du comportement humain pour essayer de savoir quand nous sommes le plus vulnérables. « Les punaises de lit ne sortent pas pour se nourrir tant que vous n'avez pas baissé la garde », m'a expliqué le Dr Jody Green sur Zoom. Jody est entomologiste urbain à l'université de Nebraska-Lincoln et un expert du comportement des insectes qui nous rendent fous (punaises de lit, poux, termites, insectes nuisibles, etc.). « Elles apprennent votre emploi du temps. Si vous travaillez la nuit et ne dormez que le jour, elles s'adaptent – elles se calquent sur vos horaires de sommeil. Si vous partez en vacances, elles attendent votre retour. »

Les stratégies de dissimulation des punaises de lit peuvent être très élaborées. En vieillissant, elles perdent leur exosquelette, qu'elles laissent derrière elles sous la forme d'une carapace fantomatique. Lorsque vous pulvérisez des pesticides dans votre maison, les jeunes punaises de lit se précipitent parfois vers l'exosquelette le plus proche laissé par un adulte plus grand et se cachent à l'intérieur pendant que les pesticides passent au-dessus d'elles. « C'est une protection supplémentaire », explique Jody.

Mais la principale stratégie des punaises de lit consiste à se cacher dans les endroits que personne ne regarde ou ne pense à pulvériser avec de l'insecticide. Pensez un instant à une chambre d'hôtel. Elle est nettoyée en profondeur tous les jours, et même la literie est changée. Et pourtant, les chambres d'hôtel sont des lieux de prédilection pour les punaises de lit. Cela s'explique par le fait que les chambres d'hôtel, tout comme nos maisons, comportent de nombreux endroits qui sont négligés, même en cas de nettoyage régulier. Certains éléments sont rarement lavés. Les rideaux, par exemple. Ou les jupes de lit : elles sont souvent infestées de punaises de lit.

La cachette la plus astucieuse dans un hôtel est peut-être celle que vous êtes le moins susceptible de déranger : la Bible sur la table de nuit. Presque toutes les chambres d'hôtel d'Amérique du Nord en possèdent une, grâce à une campagne menée par Gideons International, un groupe chrétien évangélique qui distribue des bibles gratuites depuis plus d'un siècle. La Bible comporte des centaines de pages entre lesquelles une grosse punaise peut se glisser. C'est la cachette idéale pour une civilisation entière de punaises de lit. « Si vous passez votre chambre d'hôtel au peigne fin pour vérifier la présence de punaises de lit, c'est le premier endroit où vous devriez regarder, suggère Jody. Je sais qu'il n'est probablement pas bien joli de parcourir la Bible à la recherche de punaises de lit, mais bon... »

Les punaises de lit peuvent élaborer ces stratégies de dissimulation complexes en se contentant, comme nous l'avons vu dans les chapitres précédents, de compétences décisionnelles relativement simples, qui ne font pas appel à des éléments tels que l'anticipation épisodique ou l'inférence causale. Et pourtant, dans la bataille de cache-cache, ces esprits simples l'emportent régulièrement sur nos esprits humains complexes. Mais ce n'est pas la leçon la plus importante à tirer de cette histoire. Parce que les punaises de lit sont si difficiles à trouver et à écraser, l'homme a été contraint de faire appel à ses capacités de spécialiste du pourquoi les plus sophistiquées pour trouver des solutions afin de les tuer[1]. Le dichlorodiphényltrichloroéthane – plus connu sous le nom de DDT – est un puissant insecticide, utilisé à l'origine pour tuer les moustiques et déployé à grande échelle pendant la Seconde Guerre mondiale pour stopper la propagation des maladies transmises par les moustiques, telles que le paludisme et la typhoïde. Mais il est tout aussi efficace pour tuer les punaises de lit. Après la fin de la guerre, le DDT a été mis sur le marché en Amérique du Nord, et les citoyens ordinaires ont commencé à le pulvériser autour de leurs maisons de façon incontrôlée. Et pour cause. Au début du XXe siècle, tous les foyers des États-Unis avaient connu une infestation de punaises de lit. En l'espace d'une décennie, cependant, et avant que nous n'apprenions à quel point ce produit était mauvais pour la santé humaine[2], la pulvérisation massive de DDT en Amérique du Nord a presque conduit à l'éradication de la punaise de lit sur le continent. Presque.

Les punaises qui ont survécu à cette purge sont celles qui ont su développer une résistance au DDT. Pendant que les humains criaient victoire, ces punaises résistantes ont commencé à se multiplier, d'abord lentement. Puis, dans les années 1990, la population de punaises de lit a explosé. Au milieu des années 2000, tous les États

---

1. Pour une histoire des punaises de lit en Amérique du Nord, voir : Stephen L. Doggett, Dini M. Miller et Chow-Yang Lee (dir.), *Advances in the Biology and Management of Modern Bed Bugs*, New York, John Wiley et Sons, 2018.

2. Matthew P. Longnecker, Walter J. Rogan et George Lucier, « The human health effects of DDT (dichlorodiphenyltrichloroethane) and PCBS (polychlorinated biphenyls) and an overview of organochlorines in public health », *Annual Review of Public Health*, 18(1), 1997, p. 211-244.

américains étaient infestés. Un rapport de 2018 a révélé que 97 % des entreprises de lutte antiparasitaire aux États-Unis avaient été chargées de traiter des punaises de lit au cours de l'année précédente[1]. En d'autres termes, les punaises de lit résistantes au DDT sont partout de nos jours. En fait, les punaises de lit modernes sont résistantes à presque tous les pesticides existants. En fin de compte, nos solutions les plus intelligentes n'ont pas fait le poids face à l'esprit simple des punaises de lit.

Mais cette histoire porte un autre enseignement et met en lumière la grande déchéance de l'esprit humain due à la myopie de pronostic.

Il s'avère que le rejet d'énormes quantités de DDT dans l'environnement dans le cadre de la lutte contre les punaises de lit était une solution plutôt stupide. Nous commençons à peine à mesurer à quel point le DDT a fait son chemin dans le tissu même de nos vies. Bien que les États-Unis en aient interdit l'utilisation en 1972, chaque personne vivant actuellement aux États-Unis (y compris les enfants nés après l'interdiction) en a des traces dans son corps[2]. Le DDT a une demi-vie de 150 ans dans l'eau[3], ce qui signifie que le DDT qui recouvrait les sols et les murs des maisons que nous avons traitées contre les punaises de lit dans les années 1940 se retrouvait dans un état parfaitement stable dans

1. « Pest control professionals see summer spike in bed bug calls », *s. d.*, pestworld.org/news-hub/press-releases/pest-control-professionals-see-summer-spike-in-bed-bug-calls/.

2. « DDT no longer used in North America », Commission for Environmental Cooperation of North America, *s. d.*

3. « DDT » (Technical Fact Sheet), National Pesticide Information Center, 2000. npic.orst.edu/factsheets/archive/ddttech.pdf.

l'eau de nos seaux de lavage. Chaque fois qu'on vidait ces seaux, le DDT se retrouvait, avec les eaux usées, dans les stations d'épuration, ou directement dans nos rivières et nos océans, où il a commencé à s'accumuler dans le corps des poissons et d'autres animaux aquatiques. Certains de ces poissons imbibés de DDT ont fini dans nos assiettes, et le produit chimique s'est ainsi accumulé dans nos propres tissus, où il reste jusqu'à notre mort. Les mères peuvent transmettre des traces de DDT à leurs enfants par le lait maternel, de sorte qu'il est pratiquement impossible d'éviter d'ingérer du DDT, même aujourd'hui. Pis encore, le DDT a induit chez les femmes exposées au produit chimique des modifications épigénétiques qui se transmettent à leurs enfants et petits-enfants. Ces modifications sont directement liées à la hausse de la prévalence de l'obésité, elle-même corrélée à celle des cancers du sein chez les femmes dont la lignée ancestrale a été exposée au DDT[1]. « Ce à quoi votre arrière-grand-mère a été exposée pendant la grossesse, comme le DDT, peut favoriser une augmentation spectaculaire de votre susceptibilité à l'obésité, et vous le transmettrez à vos petits-enfants en l'absence de toute exposition continue », a déclaré Michael Skinner, expert en épigénétique de l'université de l'État de Washington[2].

---

1. Piera M. Cirillo, Michele A. La Merrill, Nickilou Y. Krigbaum et Barbara Adler Cohn, « Grandmaternal perinatal serum DDT in relation to granddaughter early menarche and adult obesity : Three generations in the child health and development studies cohort », *Cancer Epidemiology and Prevention Biomarkers*, 30(8), 2021, p. 1430-1488.
2. Researchers link DDT, obesity, ScienceDaily, Washington State University, 22 octobre 2013. sciencedaily.com/releases/2013/10/131022205119.htm.

Non seulement les humains sont en train de perdre la guerre contre les punaises de lit, mais nos solutions technologiques hyper intelligentes pour les combattre nous ont conduits à nous empoisonner nous-mêmes et à empoisonner nos petits-enfants.

Voilà pourquoi considérer l'intelligence humaine comme quelque chose de spécial et supposer que cette spécificité est une bonne chose posent problème. La cognition humaine et la cognition animale ne sont pas si différentes, mais, lorsque la cognition humaine est plus complexe, elle ne produit pas toujours un meilleur résultat. Que ce soit dans la bataille qui oppose Barcia et Santino, ou bien dans celle à laquelle se livrent les punaises de lit et le DDT, c'est la pensée complexe et humaine qui a été perdante. C'est ce que j'appelle le *paradoxe de l'exceptionnalisme*. J'y défends l'idée que, même si les humains sont effectivement exceptionnels en matière de cognition, cette supériorité n'implique pas que nous sommes meilleurs que les autres animaux au jeu de la vie. En fait, à cause de ce paradoxe, l'homme pourrait être une espèce moins performante, précisément en raison de son intelligence étonnante et complexe.

Au diable la complexité

Qu'entend-on exactement par « succès » lorsque l'on parle d'évolution ? Le succès évolutif peut signifier qu'une espèce est restée relativement stable pendant une longue période grâce à sa conception biologique performante. Cela peut aussi vouloir dire qu'elle s'est répandue en grand nombre à travers le monde. Quelle que soit la définition retenue, si l'on examine les exemples de « succès évolutifs » dans le règne animal, c'est la cognition simple – et non la cognition complexe, semblable à celle de l'homme – qui l'emporte à chaque fois. Parlons un peu de votre côlon. Vous savez peut-être déjà que le corps humain est rempli (et couvert) de bactéries. En fait, votre corps est composé à parts égales de bactéries et de cellules humaines ; vous avez environ 38 000 milliards de chaque[1]. Les cellules bactériennes sont, quant à leur taille, plus petites que les cellules humaines, c'est pourquoi vous avez l'impression d'être essentiellement humain. Mais ce n'est pas le cas. Au mieux, vous êtes à moitié humain. La plupart de ces bactéries vivent dans le côlon. Chaque fois que vous faites caca, vous évacuez des milliards de bactéries ; la moitié de votre caca est composée de cellules bactériennes[2]. En fait, il y a plus de bactéries dans votre caca du matin qu'il n'y a d'êtres humains en vie sur cette planète. Il y a cinq millions de milliards de milliards de cellules bactériennes vivantes sur Terre à la minute où vous me lisez, soit plus de bactéries que d'étoiles dans l'univers[3]. Rien qu'en se basant sur les chiffres, il est clair que les bactéries sont la forme de vie la plus réussie qui ait jamais existé. Et il s'agit, en toute logique, d'une forme de vie dépourvue de toute cognition complexe.

1. Ron Sender, Shai Fuchs et Ron Milo, « Revised estimates for the number of human and bacteria cells in the body », *PLoS biology*, 14(8), 2016, e1002533.
2. Il s'agit d'une estimation au plus juste : Alison M. Stephen et John H. Cummings, « The microbial contribution to human faecal mass », *Journal of Medical Microbiology*, 13(1), 1980, p. 45-56.
3. « Planet bacteria », *BBC*, 26 août 1998. news.bbc.co.uk/2/hi/science/nature/158203.stm.

Mais, même si nous laissons de côté les champions évidents de l'évolution (par exemple, ces procaryotes que sont les bactéries) en matière de nombre, et que nous nous demandons plutôt quelles espèces existent depuis le plus longtemps sous leur forme actuelle, nous constatons à nouveau que la pensée simple surpasse la cognition complexe, y compris parmi les espèces de vertébrés plus grandes et plus cérébrales. Prenons l'exemple des crocodiliens. Les ancêtres des crocodiles, des alligators, des caïmans, etc., sont apparus il y a environ quatre-vingt-quinze millions d'années, au milieu de la période du Crétacé[1]. Cela signifie que les crocodiles prenaient le soleil sur les berges des rivières en même temps que les tyrannosaures, les vélociraptors, les tricératops et toutes les autres espèces de *Jurassic Park* qui passaient par là. Les crocodiliens ont largement survécu à l'extinction massive qui a tué les trois quarts de toutes les espèces de la planète, y compris les dinosaures.

Les crocodiliens sont peut-être, parmi les grands vertébrés qui ont existé, l'espèce qui a eu le plus grand succès évolutif. Pourtant, les crocodiliens, comme la plupart des reptiles, n'ont pas vraiment la réputation de disposer d'une cognition complexe. Bien qu'ils soient capables d'adopter un comportement de jeu[2], et même d'utiliser des outils[3], ce ne sont pas des génies de la résolution

1. Christopher A. Brochu, « Phylogenetic approaches toward crocodylian history », *Annual Review of Earth and Planetary Sciences*, 31(1), 2003, p. 357-397.

2. Vladimir Dinets, « Play behavior in crocodilians », *Animal Behavior and Cognition*, 2(1), 2015, p. 49-55.

3. Vladimir Dinets, Jen C. Brueggen et John D. Brueggen, « Crocodilians use tools for hunting », *Ethology Ecology et Evolution*, 27(1), 2015, p. 74-78.

de problèmes. Ils ne font preuve d'aucune anticipation épisodique, d'aucune inférence causale, d'aucune théorie de l'esprit, ni d'aucune de ces compétences percutantes que l'on trouve chez l'homme. Cela peut être dû à un biais d'échantillonnage ; à ma connaissance, il n'existe pas de laboratoire sur la cognition des crocodiles. J'ai peine à imaginer qu'il y aurait beaucoup de laboratoires de recherche universitaires prêts à laisser des étudiants en psychologie placer un crocodile dans une machine d'imagerie par résonance magnétique fonctionnelle. Mais ce n'est pas grave. Les crocodiles se débrouillent très bien sans aucune de ces compétences cognitives. Parce que parfois, moins, c'est mieux, sur le plan cognitif.

Pour comprendre pourquoi l'évolution est indifférente à la complexité, il suffit de considérer le sort de l'ascidie. L'ascidie est un animal marin appartenant au sous-embranchement des tuniciers. Il en existe environ 2 150 espèces différentes. À l'état larvaire, elle ressemble beaucoup à un têtard. Elle a une tête et une queue, ainsi qu'une moelle épinière avec un petit cerveau miniature qui l'aide à nager. Quand elle atteint sa maturité, elle s'incruste sur un morceau de roche. Elle digère alors son cerveau et sa moelle épinière, et passe le reste de sa vie sur ce rocher, où elle s'alimente par filtrage. C'est la sélection naturelle qui a décidé que, pour une ascidie, la meilleure voie vers le succès était d'éliminer toute chance de *penser*. Car, comme je l'ai expliqué pour les humains, la cognition complexe peut être un handicap existentiel.

Les organismes simples (des bactéries aux escargots de mer en passant par les crocodiles) gagnent le jeu de la sélection naturelle depuis des millions d'années sans avoir besoin d'une cognition complexe. Ce qui prouve que les traits cognitifs simples – comme le bon vieil apprentissage associatif que l'on trouve chez les punaises de lit – sont imbattables lorsqu'il s'agit de générer un comportement promettant le succès. Lucy, la chienne du chapitre I, a utilisé l'apprentissage associatif pour comprendre que les branches d'aulne qui tremblaient lors de notre promenade dans les bois pouvaient indiquer un danger. Elle et moi nous sommes tous deux immobilisés à la vue de ces branches. Mes compétences de spécialiste du pourquoi m'ont peut-être permis de mieux comprendre la raison pour laquelle les branches avaient bougé, mais le comportement que nous avons adopté ensuite, Lucy et moi, a été identique. La sélection naturelle se moque bien du niveau de complexité qui est à l'origine de notre vigilance : seule son efficacité à nous maintenir en vie l'intéresse.

Nos capacités humaines d'inférence causale semblent impressionnantes, et le fait d'être un spécialiste du pourquoi nous a permis de réaliser une infinité de choses. Mais l'inférence causale est un peu une « nouveauté » sur le marché. Il faudra attendre un bon milliard d'années avant que nous puissions la considérer comme une solution cognitive assez solide pour rivaliser avec l'apprentissage associatif. Et, comme la myopie de pronostic a mis notre espèce en danger imminent d'extinction (par exemple, par le biais du changement climatique, d'une guerre nucléaire ou d'un effondrement écologique), il est extrêmement improbable que notre espèce soit là pour un autre millénaire, sans parler d'un autre milliard d'années. Les anciennes peintures rupestres de thérianthropes de Sulawesi sont devenues un symbole prophétique de notre propre destin ; elles témoignent de notre réflexion complexe sur la moralité et le sens de la vie. Pourtant, les peintures elles-mêmes commencent à disparaître. Après avoir survécu pendant quarante mille ans, elles sont aujourd'hui en voie de destruction rapide, car elles s'effacent sous l'effet des sécheresses et des températures élevées que provoque le changement climatique induit par l'homme.

Barcia est donc le symbole ultime de notre espèce dans sa relation avec le paradoxe de l'exceptionnalisme. C'est sa complexité cognitive exceptionnelle, propre à l'espèce humaine, qui l'a fait disparaître du stock génétique. Nous sommes poursuivis par la malédiction de la myopie de pronostic, et ce qui nous intéresse, semble-t-il, c'est d'attacher la corde élastique de l'auto-extinction autour de nos chevilles. Dans le grand ordre des choses, nous sommes destinés à disparaître de la Terre bien avant les bactéries ou les crocodiles. C'est une bien sombre vision de l'avenir. Et peut-être pas la grande conclusion que vous espériez. Heureusement, tout le monde ne partage pas mon point de vue pessimiste sur l'intelligence humaine.

#GAGNANT

Mon ami Brendan est un journaliste qui n'hésite jamais à démonter les arguments ou à remettre les idées en question. Nous nous retrouvons régulièrement dans un restaurant pour le petit déjeuner, où nous buvons trop de café et discutons de nos passions et de nos problèmes. Après une longue discussion sur le mari de la Première Ministre danoise fictive Birgitte Nyborg de la série *Borgen*, et sur les raisons qui font d'elle un personnage si antipathique, nous avons abordé le sujet de l'intelligence humaine. J'ai soutenu que l'*intelligence* est un terme normatif, chargé de valeurs, et dont nous devrions nous abstenir complètement pour nous contenter de cataloguer et de décrire les aptitudes cognitives individuelles sans porter de jugement. Si nous jugeons la valeur de la cognition non pas en fonction de sa complexité mais de son succès biologique, alors les humains sont à la fois trop nouveaux sur la scène pour être correctement évalués et susceptibles de tomber sous le coup de la sélection naturelle en raison de la myopie de pronostic. Les crocodiles pourraient être un meilleur candidat au titre d'*animal intelligent* si nous évaluons la cognition sur le critère de sa capacité à générer des comportements avantageux sur le plan de l'évolution.

« Dans ce sens, les crocodiles gagnent », ai-je dit.

« Non, c'est nous qui avons gagné, affirme Brendan. Aucun autre animal n'a dominé autant que nous. »

« Qu'entends-tu par "dominé" ? ai-je rétorqué. Parce qu'il y a plus de bactéries qui vivent dans ton cul qu'il n'y a d'humains sur terre. Si nous jugeons la "domination" en fonction du nombre, les bactéries gagnent. »

« Les bactéries sont peut-être très nombreuses, argumente Brendan, mais elles ne peuvent pas avoir cette conversation. Nous pouvons réfléchir à notre propre vie, ce qui n'est pas le cas des bactéries ni des crocodiles. Nous avons fait plus que simplement trouver le moyen de nous nourrir et nous abriter. Comment cela, nous ne sommes pas gagnants ? J'ai toujours tenu pour acquis que nous étions les grands vainqueurs. Parce que regarde ce que nous faisons ! »

Brendan a ensuite cité, exemple après exemple, les plus grandes réalisations de notre espèce : l'exploration spatiale, la fission de l'atome, les vaccins, les systèmes juridiques, les mégapoles, la production alimentaire industrialisée, l'Internet, la musique, l'art, la poésie, le théâtre, la littérature, etc. La liste des choses que l'homme peut créer et que les autres animaux ne peuvent pas créer est incroyablement longue. Toutes ces réalisations reposent sur nos capacités linguistiques, culturelles, scientifiques, mathématiques, etc. J'ai soutenu que rien de tout cela n'avait d'importance, que ce n'était que du bruit. Dans l'histoire d'un milliard d'années de cognition animale, ce ne sont que des coups d'éclat – des notes de bas de page brillantes et fumeuses dans une histoire bien plus longue, celle de la domination des esprits simples.

« C'est de la foutaise », a déclaré Brendan.

Suis-je sérieusement en train de dire que ce genre d'exploits – comme marcher sur la Lune – n'a pas de valeur réelle ? Si nous n'attribuons pas de valeur au succès biologique en termes de nombre (c'est-à-dire combien d'individus de notre espèce sont actuellement en vie) ou de longévité (c'est-à-dire combien de temps notre espèce a existé et est susceptible de continuer à exister), quel autre moyen avons-nous de juger de la valeur de notre cognition et du comportement qu'elle génère ? Notre capacité exceptionnelle à comprendre et à manipuler les propriétés physiques de l'univers est-elle *intrinsèquement* bonne ? C'est ce que Brendan suggère. Il se débat avec un concept de valeur détaché de la biologie, où la recherche de la connaissance, de la vérité et de la beauté est un objectif valable en soi. Pour ma part, je détermine la valeur du point de vue de la valeur sélective.

Certes, Copernic et Ada Lovelace sont des représentants brillants du triomphe de l'accomplissement intellectuel humain, mais ils ne représentent pas grand-chose si notre espèce s'éteint après seulement 300 000 ans. Pour Brendan, vivre un milliard d'années à barboter dans l'eau comme un crocodile ne vaut rien si cela ne débouche pas sur l'apparition d'un Copernic ou d'une Lovelace qui nous aideront à percer les secrets de l'univers.

Je pense qu'il existe un terrain d'entente. Je pense qu'il existe une méthode de détermination de la valeur qui allie le penchant philosophique de Brendan et mon scientisme froid. Et, comme tout ce qui se passe dans ma vie ces jours-ci, cela revient à mes poules.

Ce qui compte compte

Quelle est la valeur de l'intelligence humaine ? Il y a un certain nombre de choses que les humains font et que les autres espèces ne peuvent pas faire, et c'est ce qui génère cette longue liste de réalisations humaines dont Brendan s'est fait le champion et qui sont le résultat de notre cognition unique. Je me suis attaqué au problème de la signification des mots « bien » et « bon » pour caractériser ces réalisations, et j'en ai conclu qu'on peut dire *bonnes* les choses cognitives qui donnent le plus de plaisir à l'animal individuel *et* au monde dans son ensemble, à la fois maintenant et dans un avenir prévisible. Pour moi, cette solution intermédiaire pour déterminer ce qui constitue le « succès » est la plus sensée. Je ne pense pas que le succès doive être fondé sur un jeu de nombres (par exemple, le nombre d'individus humains) ou sur un jeu de longévité (par exemple, depuis combien de temps les crocodiliens existent), et ce pour la raison suivante : la Terre sera avalée par le Soleil dans quelques milliards d'années. C'est un fait. Avant que cela n'arrive, des millions de nouvelles espèces se formeront sur la base de pressions de sélection bizarres dont nous n'avons pas idée. Peut-être que les humains s'éteindront et seront remplacés par une espèce de corbeau géant doté d'une queue préhensile, d'une théorie de l'esprit à part entière et d'un désir vorace d'explorer l'espace. Qui sait ? Qu'importe ? Le Soleil finira par détruire ces nouveaux supercorbeaux en même temps que tous les êtres vivants de la planète, de sorte que toutes ces discussions sur les effectifs démographiques ou la longévité biologique n'ont pas vraiment d'importance à long terme. La valeur de la vie doit donc être définie ici et maintenant. Et ce qui compte le plus pour vous, moi ou toute autre espèce animale vivant en ce moment même, c'est le plaisir.

Chaque être vivant n'existe que le temps d'une vie. Et, dans ce clin d'œil, s'il a la chance d'avoir un cerveau, il flottera au jour le jour sur un coussin de qualia. Ce sont les qualia qui sont le carburant de la vie et donnent aux animaux l'impulsion de choisir leur comportement, penser et être. Il suffit qu'ils aient de l'importance pour nous pour avoir de l'importance en général. Nous pouvons réorienter la question de la valeur en la soustrayant aux notions de domination et l'appliquer à la seule chose qui semble universelle : la recherche de qualia positifs. En d'autres termes, la recherche du plaisir. Je pense que Brendan et moi serions d'accord pour dire que la seule chose qui ait de la valeur pour tous les animaux est la maximisation du plaisir et la minimisation de la souffrance.

D'un point de vue biologique, cette idée de maximisation du plaisir fait sens dans la mesure où le rôle du cerveau est de produire un comportement qui aidera l'animal à survivre et à se reproduire. Par conséquent, un cerveau créera des qualia de plaisir pour indiquer à l'animal qu'il est sur la bonne voie. Jonathan Balcombe, chercheur en comportement animal, explore cette idée dans son livre *Pleasurable Kingdom* :

> Le monde animal regorge d'une énorme variété de créatures qui respirent, sentent, éprouvent, qui, loin d'être simplement en vie, vivent leur vie. Chacun essaie de se débrouiller, de se nourrir et de s'abriter, de se reproduire, de rechercher ce qui est bon et d'éviter ce qui est mauvais. Il y a toute une série de bonnes choses à obtenir : nourriture, eau, mouvement, repos, abri, soleil, ombre, découverte, anticipation, interaction sociale, jeu et sexe. Et, parce que l'obtention de ces biens est adaptative, l'évolution a doté les animaux de la capacité de ressentir de la satisfaction. Comme nous, ils recherchent le plaisir.

Les sensations de plaisir sont les moteurs de l'évolution. Le plaisir est à la fois intrinsèquement gratifiant pour le cerveau qui l'éprouve et biologiquement gratifiant en ce sens qu'il incite les animaux à poursuivre des objectifs qui augmentent leur valeur sélective biologique. D'un point de vue éthique, on pourrait affirmer que les comportements qui procurent le plus grand plaisir au monde au plus grand nombre d'êtres conscients sont ceux qui ont le plus de valeur. Les réalisations humaines énumérées par Brendan (par exemple, les vaccins, l'agriculture) en font partie, et c'est pourquoi Brendan les considère comme intrinsèquement précieuses.

Cette valeur axée sur le plaisir relève d'une éthique de la vieille école. Le plaisir est au cœur des philosophies utilitaristes couchées par écrit pour la première fois par Jeremy Bentham et John Stuart Mill il y a plus de deux siècles[1]. Bentham a décrit sa philosophie morale utilitariste basée sur le plaisir comme suit :

> La nature a placé l'humanité sous le gouvernement de deux maîtres souverains, la douleur et le plaisir. C'est à eux seuls qu'il appartient de signifier ce que nous devrions faire, comme de déterminer ce que nous ferons. D'un côté, le modèle du bien et du mal, de l'autre la chaîne des causes et effets, sont rivés à leur trône. Ils nous dirigent dans tout ce que nous faisons, dans tout ce que nous disons, dans tout ce que nous pensons : tout effort que nous pourrions faire pour nous libérer de notre sujétion ne servira qu'à la souligner et à la confirmer[2].

En associant cet utilitarisme à la valeur biologique des qualia, on obtient un système permettant de juger quels animaux sont, comme le dit Brendan, *#gagnants*. Les espèces gagnantes sont celles qui peuvent vivre leur vie en éprouvant un maximum de plaisir. Pourtant, si nous redéfinissons ainsi le succès comme la capacité à générer du plaisir dans le monde, les humains continuent malheureusement à se heurter au paradoxe de l'exceptionnalisme.

---

1. Jonathan Balcombe, « Animal pleasure and its moral significance », *Applied Animal Behaviour Science*, 118(3-4), 2009, p. 208-216.
2. Jeremy Bentham (1970), *An Introduction to the Principles of Morals and Legislation (1789)*, J. H. Burns et H. L. A. Hart (éd.). Jeremy Bentham, *Introduction aux principes de morale et de législation*, traduction par le Centre Bentham, Paris, Vrin, 2011, p. 25.

Prenons l'exemple du langage, l'une des compétences cognitives que Brendan a mentionnées comme faisant partie intégrante de ce qui rend les humains si spéciaux. En effet, il s'agit d'un comportement qui n'a pas d'équivalent chez les espèces non humaines. Comme toutes les aptitudes cognitives, les éléments constitutifs du langage se retrouvent dans les systèmes de communication de nombreuses autres espèces, depuis les cris d'alarme des chiens de prairie qui peuvent décrire la taille, la couleur et l'espèce de l'animal qu'ils voient[1], jusqu'à la structure complexe du chant des oiseaux ou des baleines que nous pouvons considérer comme une forme rudimentaire de grammaire[2]. Mais aucune autre espèce que l'homme ne dispose d'un système de grammaire générative capable de combiner des éléments de mots significatifs en phrases à même de représenter toutes les idées qui nous viennent à l'esprit.

La première question est la suivante : en tant qu'espèce, éprouvons-nous plus de plaisir à utiliser le langage que les animaux non linguistiques avec lesquels nous partageons cette planète ? D'une part, le langage peut être utilisé pour créer des chansons, des blagues et des histoires qui sont, dans ma vie, peut-être la plus grande source de plaisir que j'éprouve régulièrement. Mes poulets ne connaîtront jamais ce plaisir. Mais cela les rend-il moins heureux ? C'est une question délicate. La sélection naturelle n'a

1. Constantine N. Slobodchikoff, Andrea Paseka et Jennifer Verdolin, « Prairie dog alarm calls encode labels about predator colors », *Animal Cognition*, 12(3), 2009, p. 435-439.

2. Klaus Zuberbühler, « Syntax and compositionality in animal communication », *Philosophical Transactions of the Royal Society B : Biological Sciences*, 375(1789), 2020, 20190062.

pas donné le langage aux poules, tout comme elle n'a pas donné aux humains l'aptitude de se percher. Ma vie est-elle appauvrie parce que je ne dors pas la nuit sur une branche ? Il est clair que non. Ma biologie n'est pas conçue pour que je me perche. En revanche, elle l'est pour que j'apprenne et utilise le langage, et il est fort probable que je mènerais une vie bien plus triste si j'avais grandi sans y avoir été exposé. Les poules ne savent donc pas ce qu'elles manquent parce qu'elles ne sont pas conçues pour cela. Leur plaisir consiste à gratter le sol et à manger des larves. Elles n'éprouveraient pas le même plaisir à regarder un épisode de *Borgen*. Il n'y a donc aucune raison de supposer une perte sèche de plaisir pour nos frères animaux non linguistiques.

Mais c'est pour les humains qu'il pourrait y avoir perte sèche, précisément en raison de notre capacité linguistique. Le chapitre II a exploré cette propension humaine à tromper, qui s'intensifie avec le langage. Or, cette habileté à mentir et à tromper, à convaincre et à enjôler, est en partie responsable de tout le mal qui sévit dans ce monde. Les aptitudes linguistiques sont peut-être ce qui donne aux tyrans et aux dirigeants leur pouvoir ; pensez à l'influence des discours de Hitler (et des écrits de Nietzsche) sur la montée du nazisme en Allemagne. D'ailleurs, même lorsque les dirigeants ne sont pas particulièrement éloquents, leurs mots véhiculent des idées susceptibles de pousser les nations à atteindre des objectifs chauvins et génocidaires qui entraînent la souffrance et la mort de millions de personnes. Autant on peut attribuer au langage les réalisations glorieuses de notre espèce (culture, art, science, etc.), autant on peut lui imputer sa capacité à répandre la misère et la destruction. Il est peu probable que mes poules, dépourvues qu'elles sont du langage et des compétences sociocognitives sous-jacentes qui le rendent possible, s'unissent *en masse* pour faire pleuvoir la mort sur le monde à la recherche de la gloire pour la Grande Nation des Poules. Comme la plupart des réalisations cognitives humaines, le langage est une arme à double tranchant, responsable d'autant de malheurs que de plaisirs. Serions-nous, en tant qu'espèce, plus heureux sans lui ? C'est fort possible. Le monde aurait-il connu autant de morts et de misères si l'homme était resté un singe non linguistique ? Probablement pas. Il y a de fortes chances pour que le langage cause plus de malheur que de plaisir au règne animal dans son ensemble. Le langage est victime du paradoxe de l'exceptionnalisme : il est le symbole ultime de l'unicité de l'esprit humain, et pourtant, bien qu'étant cette merveille qu'il est, il a contribué à susciter plus de malheur que de plaisir pour les créatures de cette planète (y compris pour nous-mêmes).

Qu'en est-il de nos aptitudes pour les sciences et les mathématiques ? Tout comme le langage, nos compétences mathématiques ont des racines profondes dans l'esprit de tous les animaux. Les hyènes tachetées peuvent compter le nombre d'individus dans les groupes d'hyènes rivales, ce qui les aide à décider si cela vaut la peine de se battre[1]. Un guppy nouveau-né est capable de compter jusqu'à au moins trois, préférant se joindre à un groupe de trois poissons plutôt qu'à un groupe de

1. Sarah Benson-Amram, Geoff Gilfillan et Karen McComb, « Numerical assessment in the wild : Insights from social carnivores », *Philosophical Transactions of the Royal Society B : Biological Sciences*, 373(1740), janvier 2018, 20160508.

deux, ce qui est bien pratique lorsque la sécurité repose sur le nombre[1]. Les abeilles mellifères peuvent compter le nombre de points de repère qu'elles survolent sur leur trajet entre la ruche et une source de nourriture, ce qui les aide à retrouver leur chemin vers une délicieuse parcelle de fleurs : il leur suffira de compter, par exemple, le nombre de maisons qui se trouvent sur l'itinéraire[2]. Mais l'homme a porté ces compétences mathématiques à un niveau supérieur. L'équation de champ d'Einstein, qui explique comment l'espace-temps est déformé par la gravité, pourrait trouver son origine dans une capacité numérique que nous partageons avec les hyènes et les abeilles, mais il en est de cette ressemblance comme de celle de ma bougie parfumée à la cannelle avec le soleil.

La science opère à un niveau tout aussi sophistiqué. C'est notre capacité de spécialiste du pourquoi pour l'inférence causale boostée aux stéroïdes. La méthode scientifique nous donne les outils pour tester les hypothèses et découvrir les relations de cause à effet qui nous ont donné des idées si percutantes qu'elles nous ont fait changer de paradigme, comme avec la théorie des germes ou la mécanique quantique. Notre culture collective s'est construite sur la base des sciences et des mathématiques, et c'est grâce à ces compétences que le monde moderne existe. Or, ces compétences ne se trouvent tout simplement pas chez les animaux non humains, sinon sous leur forme la plus élémentaire.

1. Angelo Bisazza, Laura Piffer, Giovanna Serena et Christian Agrillo, « Ontogeny of numerical abilities in fish », *PLoS one*, 5(11), 2010, e15516.
2. Lars Chittka et Karl Geiger, « Can honey bees count landmarks ? », *Animal Behaviour*, 49(1), 1995, p. 159-164.

Les sciences et les mathématiques procurent-elles donc à notre espèce une exceptionnelle quantité de plaisir ? On peut soutenir que oui. Si la science et les mathématiques ont semé la mort et la destruction (par exemple, les bombes atomiques), elles sont également à l'origine de la médecine moderne et de la production alimentaire. En moyenne, nous avons donc connu un pic de plaisir – en tant qu'espèce – grâce à elles. Et ce pic pourrait signifier que notre vie quotidienne est un peu moins misérable que celle d'autres espèces. Celles-ci passent peut-être plus de temps que l'homme moyen à lutter pour trouver de la nourriture et un abri, et à combattre les maladies.

Cependant, la science et les mathématiques nous ont *effectivement* apporté la bombe atomique et les pratiques agricoles mécanisées auxquelles nous devons les pleins rayons de bananes de nos épiceries, mais aussi une atmosphère pleine de carbone. Tout n'est donc pas rose. Comme la langue, c'est la meilleure et la pire des choses. Le sort de l'homme moyen s'est peut-être amélioré aujourd'hui par rapport à ce qu'il était il y a 100 000 ans grâce à nos découvertes techniques et scientifiques, mais celui de la planète (et des créatures qui la peuplent) a empiré. Les millions d'espèces actuellement menacées d'extinction, principalement à cause du comportement humain, ont beaucoup moins de plaisir à vivre[1]. Et si nous finissons par disparaître d'ici la fin du siècle (ce qui a 9,5 % de risques de se produire), tout ce gain de plaisir n'aura servi à rien. Notre capacité de réflexion

1. *UN Report : Nature's dangerous decline « unprecedented » ; Species extinction rates « accelerating »*, United Nations, 6 mai 2019. un.org/sustainabledevelopment/blog/2019/05/nature-decline-unprecedented-report/.

scientifique et nos compétences en mathématiques sont un autre exemple fantastique du paradoxe de l'exceptionnalisme : elles sont géniales et terribles à la fois.

Verdict final

Les humains sont-ils gagnants dans le sens où nous fabriquerions et éprouverions plus de plaisir – en moyenne – que les autres espèces ? Avant de répondre à cette question, il nous faut aborder avec franchise la notion de « moyenne ». Je ne suis pas un être humain moyen. En tant qu'homme blanc d'âge moyen vivant dans un pays qui se classe parmi les premiers au monde en matière de santé, d'éducation et de niveau de vie, mon mode de vie est privilégié jusqu'à l'absurde. Je peux me prélasser en sirotant mon café d'importation et en regardant mes poules d'agrément gambader dans mon jardin sans me soucier de savoir d'où viendra mon prochain repas. Ce n'est pas normal. À l'heure actuelle, une personne sur quatre vivant sur cette planète se trouve dans l'insécurité alimentaire, de modérée à grave, ce qui signifie qu'elle n'a pas les moyens de s'acheter à manger pour avoir un régime alimentaire sain, ou qu'elle n'a plus rien à manger du tout[1]. Malgré la baisse des taux d'insécurité alimentaire depuis le début du millénaire, il est encore tout à fait courant pour un être humain moyen de ne pas avoir assez à manger. Au Canada, mon espérance de vie est de 82,4 ans, soit près de dix

1. Max Roser et Hannah Ritchie, « Hunger and undernourishment », *Our World in Data*, 2013, ourworldindata.org/hunger-and-undernourishment.

ans de plus que l'espérance de vie moyenne mondiale, qui est de 72,6 ans. Et presque de trente ans de plus que celle qu'a un homme en République centrafricaine, qui a l'espérance de vie la plus basse, avec seulement cinquante-trois ans[1]. L'homme moyen qui vit en République centrafricaine, pays en proie à une guerre civile depuis 2012, et où 2,5 millions de personnes sur une population de 4,6 millions ont besoin d'aide humanitaire[2], mène une tout autre existence que moi. Je parierais que les moments de plaisir et de bonheur sont extrêmement rares pour chacun des quatorze mille enfants soldats de la République centrafricaine. L'homme « moyen » mène donc une vie beaucoup plus difficile et moins réjouissante que la mienne. En raison du paradoxe de l'intelligence humaine, nous avons créé un monde dans lequel il existe des extrêmes en matière de maximisation du plaisir (de mon côté) et de déficit de plaisir (comme nous le voyons actuellement en République centrafricaine). Il faut tenir compte de ses propres privilèges lorsqu'on discute au petit déjeuner de la valeur de l'expérience humaine.

Voici donc le verdict final. Selon toutes probabilités, *Homo sapiens* n'éprouve pas plus de plaisir – en moyenne – que les autres espèces. Quels que soient les dons qui nous viennent de nos capacités linguistiques, mathématiques, scientifiques, etc., rien n'indique que ma

1. Max Roser, Esteban Ortiz-Ospina et Hannah Ritchie, « Life expectancy », *Our World in Data*, 2013. ourworldindata.org/life-expectancy.
2. *World report 2019 : Rights trends in Central African Republic*, Human Rights Watch, 2019. hrw.org/world-report/2019/country-chapters/central-african-republic.

vie – aussi privilégiée soit-elle – soit plus pleine de plaisir que celle de mes poules.

Il est envisageable que même le plus heureux des humains ne soit pas forcément plus heureux que mes poules. Prenons l'exemple d'un moine bouddhiste qui passe sa journée tranquillement en contemplation, étant capable de minimiser l'inconfort résultant de pensées ou d'émotions négatives. Le moine bouddhiste tibétain Matthieu Ricard, par exemple, est considéré comme étant la personne la plus heureuse du monde. Dans sa meilleure journée, disons qu'il n'éprouve que du plaisir, et aucune pensée ou sensation négatives. Son cerveau est nourri de qualia positifs qui lui indiquent que ses besoins physiques, sociaux et émotionnels sont satisfaits et qu'il n'a pas à s'inquiéter. Est-ce vraiment différent de ce que vivent mes poules tous les jours ? On peut soutenir que mes poules ne ressentent que peu, voire pas du tout, de qualia négatifs chaque jour ; elles peuvent se nourrir dans un vaste espace clos (à l'abri des prédateurs) et ont accès à toute la nourriture, à toute l'eau dont elles ont besoin. Elles peuvent se quiller sur leur perchoir (leur endroit préféré pour passer la nuit) et vivent dans un groupe social qui, selon les recherches sur la cognition sociale des poules, correspond exactement à la norme de leur espèce (un coq, dix poules). Mes poules, comme Ricard, mènent une vie axée sur le plaisir. Lui et mes poules ont un esprit identiquement gorgé de plaisir. Ce qui signifie que tout humain vivant une vie moins agréable que celle de Ricard (par exemple, moi, vous, un enfant soldat, tous les autres humains) est techniquement perdant au jeu de la vie face à mes poules.

Bien sûr, le mode de vie de mes poules n'est pas la norme pour leur espèce. Il s'agit là aussi d'un produit de l'intelligence humaine et d'un triste résultat du Paradoxe de l'Exceptionnalisme. Les humains ont le pouvoir de créer, pour les poules, une vie de maximisation du plaisir. Mais nous usons généralement de ce pouvoir pour les plonger dans une misère bien plus terrible que n'en connaît une poule « moyenne » vivant à l'état sauvage. Parce que l'homme a mis au point des moyens de rationaliser la production d'œufs et de viande afin de maximiser notre accès à la nourriture, nous avons imposé aux poules d'élevage une situation cauchemardesque. La plupart des poules d'aujourd'hui sont enfermées dans des cages en batterie et privées des possibilités normales de se percher, de se nourrir et de socialiser. Dans l'ensemble, les poules éprouvent probablement moins de plaisir que les humains. Mais, paradoxalement, c'est de la faute de l'homme. Cela est dû au fait que la cognition humaine a pour effet d'aggraver la misère des poules, et non d'accroître notre bonheur.

L'AVENIR DE L'INTELLIGENCE HUMAINE

L'esprit humain est exceptionnel. Nous avons une capacité que les autres espèces n'ont pas : celle de produire intentionnellement plus de plaisir pour d'*autres* esprits. En tant que spécialistes du pourquoi, avec l'anticipation épisodique et la théorie de l'esprit, nous comprenons que nos actions peuvent générer du plaisir et du malheur dans l'esprit d'autres créatures, qu'elles soient humaines ou animales. Nous savons que les enfants soldats et les poules élevées en batterie sont malheureux. Nous savons ces choses et nous avons la capacité de les changer. Nous avons la capacité cognitive et technologique de créer un monde qui maximise le plaisir pour tous les humains, ainsi que pour les animaux non humains. Nous pourrions abreuver le monde de qualia de plaisir, si nous le voulions. Ce projet élèverait la valeur de l'intelligence humaine à un niveau supérieur à celui des autres espèces, qui ne peuvent concevoir un monde maximisant le plaisir. S'il y a un point sur lequel l'esprit humain est supérieur à celui des animaux en matière de valeur, c'est notre capacité à comprendre que le plaisir est important et à pouvoir le prodiguer le plus loin et le plus largement possible. Paradoxalement, nous ne le faisons pas.

L'une des raisons pour lesquelles j'aime *Star Trek*, c'est parce que cet univers propose une sorte d'utopie techno-hébétée comme celle que je viens de brosser, où les humains vivent en quelque sorte en harmonie les uns avec les autres et ont éliminé une bonne part de la souffrance quotidienne que nous connaissons actuellement. Le monde de *Star Trek*, où le plaisir est maximisé, est-il un fantasme ?

Il existe deux écoles de pensée qui s'emploient à créer une utopie axée à fond sur le plaisir pour imaginer l'avenir de l'espèce humaine. D'un côté, il y a Steven Pinker, le psychologue et linguiste de Harvard qui a exposé dans de nombreux ouvrages les raisons pour lesquelles il y a de l'espoir pour notre espèce lorsqu'il s'agit de s'améliorer. Pinker souligne que les humains ont fait un travail formidable pour améliorer leur sort grâce à ce qui porte le nom générique de pensée des

Lumières (c'est-à-dire « la raison appliquée à l'amélioration humaine[1] ») qui a doublé notre durée de vie moyenne en seulement deux cents ans et réduit la pauvreté mondiale à ses niveaux actuels (un niveau historiquement bas). Lorsqu'on lui demande de prévoir l'avenir de notre espèce, Pinker se montre plutôt optimiste, affirmant que « les problèmes sont inévitables, mais [que] les problèmes peuvent être résolus et [que] les solutions créent de nouveaux problèmes qui peuvent être résolus à leur tour[2] ». Ce n'est pas la promesse d'une inéluctable utopie, mais cela a un air de *Star Trek* qui sent davantage l'optimisme que l'extinction.

De l'autre côté, il y a le philosophe John Gray, qui a consacré de nombreux ouvrages à la place de l'humanité dans le monde naturel. Gray reconnaît que la pensée du siècle des Lumières nous a donné la technologie moderne, la médecine et tout le reste, mais il ne semble pas penser que ces avantages suffiront à libérer les humains du cycle sans fin de la myopie de pronostic autodestructrice. Il écrit dans son livre *Chiens de paille* :

> L'accroissement des connaissances est réel et désormais irréversible, sauf catastrophe planétaire. Les améliorations dans le gouvernement et la société sont tout aussi réelles, mais restent temporaires. Il n'est pas seulement possible qu'elles disparaissent un jour : c'est une certitude. L'histoire

1. Karen Weintraub, « Steven Pinker thinks the future is looking bright », *The New York Times*, 2018. nytimes.com/2018/11/19/science/steven-pinker-future-science.html.

2. Steven Pinker, « Steven Pinker : what can we expect from the 2020s ? », *Financial Times*, 2019. ft.com/content/e448f4ae-224e-11ea-92da-f0c92e957a96.

> n'est ni un progrès ni un déclin, mais une succession de flux et de reflux. Le progrès du savoir nous conduit à tort à penser que nous sommes différents des autres animaux, mais toute notre histoire montre que ce n'est pas le cas[1].

Oui, l'humanité a la possibilité de rompre ce cycle de pertes inévitables et de vivre dans un avenir technologiquement magnifique, comme celui que montre *Star Trek*, avec des villes semblables à des diamants qui flottent dans le ciel au-dessus de forêts tropicales luxuriantes et intactes recouvrant une Terre rajeunie. Où la biodiversité a été rétablie et où les humains se nourrissent grâce à une agriculture durable qui ne nécessite pas de si grandes quantités de terres ou d'eau, et d'où nous avons éliminé la misère animale créée par les pratiques agricoles actuelles. C'est le rêve de ma fille pour le monde. Des villes flottantes. Des forêts. La vie.

Elle m'en fait le récit sur la route, alors que nous nous rendons au rassemblement des jeunes contre le changement climatique à Halifax. Au volant de ma Subaru, sur l'autoroute transcanadienne, nous passons devant de nouvelles parcelles de forêts coupées à blanc qui déparent le paysage de la Nouvelle-Écosse. Nous défilons dans les rues au milieu d'une foule immense – la plus grande qu'Halifax ait jamais connue – pour demander aux gouvernements du monde entier de prendre des mesures pour lutter contre le changement climatique. Sur le chemin du retour, nous nous arrêtons pour prendre un café et un beignet, et nous passons en revue toutes

1. John Gray, *Chiens de paille. Réflexions sur les humains et autres animaux*, traduit par Christophe Jaquet, Paris, Les Belles Lettres, 2019, p. 176.

les différentes façons dont les humains détruisent la Terre et envisageons ce qu'il faudrait faire pour y remédier.

Une voiture qui brûle des combustibles fossiles ? Du café d'importation ? Des coupes rases ? Un rassemblement pour le climat ? Cela fait beaucoup de messages contradictoires pour une seule journée. Je suis pourri par la myopie de pronostic. Nous sommes tous pourris par la myopie de pronostic.

J'ai bon espoir que nous trouverons une solution aux menaces existentielles qui nous guettent. Je crois que nous pouvons créer des lois pour supprimer les angles morts de nos décisions et canaliser nos actions collectives, afin de mettre fin aux menaces de changement climatique et d'effondrement écologique. J'espère que l'utopie *Star Trek* qui est en nous deviendra réalité. Mais je n'ai aucune idée du moment où cet espoir prendra le pas sur nos illusions.

Si Nietzsche avait été un narval

Revenons à notre vieil ami Nietzsche. Voici ce qu'il avait à dire sur le bonheur animal :

> Contemple le troupeau qui passe devant toi en broutant. Il ne sait pas ce qu'était hier ni ce qu'est aujourd'hui : il court de-ci de-là, mange, se repose et se remet à courir, et ainsi du matin au soir, jour pour jour, quel que soit son plaisir ou son déplaisir. Attaché au piquet du moment il n'en témoigne ni mélancolie ni ennui. L'homme s'attriste de voir pareille chose, parce qu'il se rengorge devant la bête et qu'il est pourtant jaloux du bonheur de celle-ci. Car c'est là ce qu'il veut : n'éprouver, comme la bête, ni dégoût ni

> souffrance, et pourtant il le veut autrement, parce qu'il ne peut pas vouloir comme la bête[1].

En fait, Nietzsche se trompait sur les vaches. Elles ne sont pas « attachées au piquet du moment ». Les vaches, comme la plupart des animaux, font des projets, même s'ils portent sur un avenir proche. Et elles connaissent la mélancolie. Elles ont une conscience minimale de la mort et ressentent une certaine tristesse quand elles perdent leurs amis et leur famille.

Mais il a raison de reconnaître leur capacité à éprouver du plaisir. Il a raison d'envier leur bonheur. En fonction de la vache dont il s'agit précisément, il est probable qu'elle éprouve plus de plaisir au cours de sa vie que Nietzsche, torturé par son âme. Contrairement à un bouddhiste qui cherche à mettre fin à la souffrance en éliminant le désir, Nietzsche considérait que la souffrance dessinait un chemin vers le sens. La misère était pour lui un maître digne de ce nom. Ses capacités cognitives humaines – sa sagesse de la mort, ses capacités d'inférence causale et ses aptitudes cognitives et linguistiques – ne lui apportaient aucun bonheur. Aucun plaisir. Seulement la souffrance qu'il désirait. En fin de compte, Nietzsche aurait mieux fait d'être un narval. Et, si nous pensons sérieusement à accroître le plaisir et à réduire la misère à l'échelle mondiale – l'utopie utilitariste –, alors le monde se porterait mieux si nous étions tous des narvals. Pensez au bonheur qui se généraliserait à tout le règne animal si les humains

1. Friedrich Wilhelm Nietzsche, « Seconde considération inactuelle. De l'utilité et des inconvénients de l'histoire pour la vie », §1, traduit de l'allemand par Henri Albert, Édition électronique, Les Échos du Maquis, 2011.

cessaient soudainement de réaliser toutes les actions destructrices qui font d'eux des êtres humains.

L'intelligence humaine n'est pas le miracle de l'évolution que nous aimons croire. Nous aimons nos petites réalisations – nos alunissages et nos mégapoles – comme un parent aime son nouveau-né. Mais personne n'aime un bébé autant que ses parents. La planète ne nous aime pas autant que nous aimons notre intellect. Parce que nous sommes en effet exceptionnels, mais pas nécessairement « bons », nous avons généré plus de mort et de destruction sur cette planète que tout autre animal, passé ou présent. Nos nombreuses réalisations intellectuelles sont actuellement en passe de provoquer notre propre extinction, ce qui est exactement la façon dont l'évolution se débarrasse des adaptations qui ne sont pas appropriées. C'est le plus grand des paradoxes que d'avoir un esprit exceptionnel qui semble vouloir s'autodétruire. À moins que nous ne trouvions à temps une solution de type *Star Trek*, comme le voudrait Pinker, l'intelligence humaine est vouée à disparaître.

Ainsi, au lieu de jeter un regard de commisération sur les vaches, les poules et les narvals de votre vie parce qu'ils sont dépourvus des capacités cognitives humaines, réfléchissez d'abord à la valeur de ces capacités. Jouissez-vous davantage que vos animaux de compagnie grâce à ces capacités ? Le monde est-il meilleur grâce à l'intelligence de notre espèce ? Si nous répondons à ces questions en toute honnêteté, alors nous trouverons de bonnes raisons de modérer notre suffisance. Car, au vu de la direction que nous prenons, l'intelligence humaine pourrait bien être la chose la plus stupide qui soit jamais arrivée.

Épilogue
POURQUOI SAUVER UNE LIMACE ?

À la fin du printemps, mon jardin est envahi par les limaces. Leurs traînées de bave brillante recouvrent notre allée, et quelques dizaines d'entre elles s'abritent chaque matin près de ma voiture. Mon rituel quotidien consiste désormais à vérifier leur présence et à les éloigner de mes pneus. Je n'arrive pas à m'imaginer roulant sur une limace. Pour moi, ce serait le comportement d'un sociopathe.

Cela a toujours été mon sentiment. J'ai grandi auprès d'une mère qui était l'amie des animaux. Je me souviens que, lorsque j'étais petit, elle a un jour dispersé plusieurs personnes qui menaçaient de marcher sur une chauve-souris blessée qui gisait sur le trottoir, devant la pharmacie. Ma mère, qui aurait pu recevoir le prix Nobel de la timidité, a crié à tout le monde de reculer. Elle a trouvé une boîte en carton, a ramassé le petit animal et l'a sauvé.

Que j'aie hérité de l'empathie de ma mère pour les animaux ou que je l'aie apprise en la regardant interagir avec eux n'a aucune importance. Je suis moi aussi rongé par une empathie paralysante pour les créatures vivantes qui m'entourent. Il est arrivé plus d'une fois que ma fille soit en retard à l'école à cause de mon acharnement à faire mon contrôle de limaces le matin. Et je ne tolère pas que l'on écrase les insectes, ce qui a donné lieu au fil des ans à de nombreuses conversations gênantes (et parfois conflictuelles) avec des arachnophobes et des chasseurs de mouches.

Mon intérêt académique pour la cognition animale était une extension logique de mon éducation. Mais mon étude a été contrainte par les valeurs et les normes que j'ai affinées et faites miennes au fil de ces années. Je n'ai jamais mené que des recherches observationnelles – et non expérimentales – sur les animaux. Je n'ai jamais recueilli de données sur des animaux en captivité. Quelque chose au fond de moi trouve l'idée de la captivité problématique. Intellectuellement, je peux convoquer de nombreux arguments pour expliquer pourquoi la captivité est parfois nécessaire et même bénéfique pour certaines espèces. Certains établissements de maintien en captivité font du bon travail, grâce à leurs extraordinaires résultats de recherches et à l'importance qu'ils accordent au bien-être des animaux dans une optique de conservation. D'autres établissements, où le divertissement l'emporte sur le bien-être, sont tout simplement immondes. Mais, dans tous les cas, cela me fait tout drôle. Mes collègues le savent depuis le début de ma carrière, mais cette limitation ne m'a pas empêché de mener des recherches sur les dauphins sauvages ni (je l'espère) d'apporter une contribution utile au domaine.

Je fais toutefois une exception pour les moustiques, que je tue. Pour moi, la violence se justifie par l'instinct d'autoconservation. Et c'est là que l'hypocrisie des convictions apparaît au grand jour. Si j'étais un utilitariste, qui croit en la maximisation du plaisir pour toutes les créatures, non seulement je ne devrais pas tuer les moustiques, mais en plus je devrais les laisser boire mon sang. Mon corps pourrait probablement supporter plusieurs milliers de piqûres avant que cela ne devienne un problème sérieux, et cela procurerait du plaisir à des milliers de petits esprits de moustiques. Mais cela me semble absurde. Et je ne veux pas le faire.

Nous avons tous nos idées personnelles sur la manière dont il faudrait traiter les animaux. Mais la plupart de nos idées ne sont pas particulièrement réfléchies ou ne découlent pas d'un calcul éthique complexe. La plupart d'entre nous l'apprennent à partir de la culture qui nous entoure, qu'il s'agisse de la société ou de la famille. Nous vivons selon des normes qui n'ont jamais été examinées. Dans la majeure partie du Canada, par exemple, nous mangeons des porcs, et non pas des chiens. Pourtant, aucune loi n'interdit cette pratique. En fait, si vous élevez des chiens spécifiquement pour les manger, vous êtes libre de les transformer en saucisses, en soupe ou en n'importe quoi d'autre. Néanmoins, la consommation de chiens n'est pas très répandue au Canada. Il s'agit simplement d'une norme à laquelle nous nous conformons.

Lorsque je menais des recherches au Japon, un collègue japonais m'a demandé si je voulais goûter un hamburger à base de viande de baleine. J'ai refusé. Après une longue discussion sur les raisons pour lesquelles je ne mange pas de baleine, je lui ai demandé s'il envisagerait de manger un hamburger à base de viande de chien. Il a dit que non. Les Japonais considèrent les chiens comme des animaux de compagnie, et non comme de la nourriture. C'était une idée absurde pour lui. Je lui ai expliqué que le tabou culturel qui entoure la consommation de viande de chien au Japon est similaire à celui que ressentent de nombreux Nord-Américains lorsqu'il s'agit de viande de baleine. Je n'ai pas eu besoin d'invoquer les arguments concernant l'intelligence des baleines, les niveaux de population, les pratiques de pêche cruelles, etc. La raison pour laquelle la plupart des Nord-Américains ne mangent pas de baleine est qu'ils n'ont pas d'histoire culturelle (récente) de consommation de baleine. C'est un tabou culturel. Les arguments éthiques découlent souvent de ce type de tabou, comme une traînée de bave suit une limace.

Tout cela est terriblement arbitraire. Mes propres convictions n'ont pas beaucoup de sens sur le papier. Par exemple, je ne suis pas végétarien. Bien que je passe une grande partie de mon temps à m'occuper de mes poules et à essayer de maximiser leur santé et leur bonheur, je mangerais quand même un hamburger au poulet. Et ma justification est que le poulet a déjà été transformé en filet. Il est tout simplement trop tard pour s'inquiéter de son niveau de bonheur. Bien entendu, je ne mange jamais l'une de mes poules qui vient à mourir ; nous lui organisons des funérailles et un enterrement en bonne et due forme. C'est fou, non ? Je n'ai pas de cadre moral uniformément cohérent qui définisse ma relation aux animaux de manière générale. Parfois, mes convictions entrent en conflit direct et sont d'évidence hypocrites.

Et je ne suis pas le seul à être débordant de contradictions. Aux États-Unis, les souris, les rats et les oiseaux élevés pour la recherche ne sont pas considérés comme des animaux au sens de la loi sur le bien-être des animaux *(Animal Welfare Act)*, ce qui permet aux laboratoires de recherche de leur infliger des traitements qui contournent les règles de bien-être. Au moins 95 % des animaux utilisés dans la recherche en laboratoire aux États-Unis sont exemptés de la loi fédérale qui garantirait leur bien-être[1]. Cette lacune se fonde non pas sur des arguments éthiques concernant la souffrance des animaux, mais sur des arguments juridiques concernant la valeur de ces animaux pour la science médicale et/ou les parties prenantes financières.

La science se retrouve entraînée dans des discussions éthiques dès lors que nous cherchons des faits sur la nature de l'esprit des animaux pour nous aider à déterminer l'ampleur de leur souffrance. Ce livre est rempli de faits amusants sur l'esprit des animaux qui, je l'espère, vous ont fait découvrir de nouvelles façons d'appréhender le règne animal. Mais, si vous espériez lire quelque chose qui démontre une fois pour toutes qu'il est acceptable ou non, par exemple, de rouler sur des limaces, vous êtes certainement déçu. La science de l'esprit des animaux ne peut pas, à elle seule, vous dire quoi que ce soit sur la moralité de votre comportement.

J'espère avoir démontré de manière convaincante que tous les animaux ont une conscience : une expérience subjective qui les aide à prendre des décisions et à adopter tel ou tel comportement. Les animaux

1. Pamela D. Frasch, « Gaps in US animal welfare law for laboratory animals : Perspectives from an animal law attorney », *ILAR Journal*, 57(3), 2017, p. 285-292.

comprennent le passage du temps et font des projets pour l'avenir – il s'agit souvent de quelques instants plus tard, mais parfois aussi de quelques jours. Les animaux comprennent quelque chose à la mort. Ils apprennent comment le monde fonctionne en accumulant des informations associatives sur *ce qui* se passe *à quel moment*, mais probablement pas *pourquoi*. Les animaux ne se comportent pas sous la conduite d'un instinct inflexible, mais du fait d'une combinaison de propensions et d'attentes innées, modifiées par l'exposition à l'environnement et aux informations apprises. Les animaux peuvent être trompeurs. Les animaux ont des intentions et des objectifs. Les animaux ont des normes qui guident leur comportement social et leur donnent une idée de ce qui est juste et sur la façon dont ils (et les autres) méritent d'être traités. Toutes ces compétences cognitives ont aidé les animaux non humains à prospérer pendant des millions d'années. Les éléments cognitifs supplémentaires qui aident les humains à faire ce qu'ils font (par exemple, le langage, la théorie de l'esprit, l'inférence causale, la sagesse de la mort, etc.) sont des ajouts relativement récents, qui n'ont pas encore prouvé leur valeur aux yeux du grand arbitre de l'utilité : la sélection naturelle.

Sachant ce que nous savons de la cognition animale, suis-je si fou que cela de sauver les limaces dans mon allée chaque matin ? Cette question se résume à deux interrogations, toutes deux importantes à mes yeux. La première est la suivante : comment les limaces perçoivent-elles le monde ? La seconde est la suivante : qu'est-ce que cela nous apprend sur la manière dont nous devrions les traiter ?

Les limaces vivent leur existence d'une manière qui leur donne des désirs et des objectifs, ainsi que des sensations conscientes de plaisir, de douleur, de satisfaction, etc. Je sauve les limaces parce qu'il me semble triste de les priver de tout cela. D'être indifférent à un esprit qui a miraculeusement surgi après des milliards d'années d'inexistence. Quel miracle d'exister ici et maintenant et d'avoir la capacité de percevoir ce monde ! Je veux faire tout ce qui est en mon pouvoir pour veiller à ne pas être la raison pour laquelle la vie d'une limace s'arrête prématurément.

J'espère que ce livre aidera les lecteurs à envisager l'idée que les animaux ont de petits esprits remplis de qualia qui valent la peine d'être pris en considération. Et que votre esprit n'est pas tout à fait le nec plus ultra de la génialité, comme si ce que nous percevons comme notre supériorité intellectuelle justifiait notre indifférence à l'égard de la souffrance animale.

La maximisation du plaisir est-elle le but ultime de la vie ? Je pense que oui. Ou peut-être la maximisation de la quantité d'amour. Je sais, évoquer le mot « Amour » met mal à l'aise quand on essaie de déployer une pensée scientifique. Mais ne jugez pas trop sévèrement son apparition dans un livre sur la cognition animale. L'amour n'est rien d'autre que le plaisir écrit avec un stylo plus sophistiqué. Sa valeur biologique est évidente. J'aime mes poules, et elles m'aiment peut-être en retour, ce qui nous donne à tous non seulement plus de bonheur, mais aussi une meilleure santé. Ce sont les animaux heureux et en bonne santé qui donnent naissance aux meilleurs bébés, et c'est tout ce qui intéresse l'évolution. L'évolution apprécie l'amour parce que *nous* apprécions l'amour, même si l'univers n'en fait pas vraiment usage. « Ce qui se fait par amour se fait toujours par-delà le bien et le mal[1] », a écrit Nietzsche. Voilà un sentiment que je peux partager, mon ami.

1. Frédéric Nietzsche, *Par-delà le bien et le mal, Prélude d'une philosophie de l'avenir*, traduction par Henri Albert, *Œuvres complètes de Frédéric Nietzsche*, vol. 10, Paris, Mercure de France, 1913, chap. V, « Maximes et intermèdes », § 153, p. 133.

Remerciements

L'écriture d'un livre peut être un processus étrangement émotionnel – plein de doutes, d'indécisions, de prises de conscience paralysantes et d'épiphanies semi-délirantes. Ce sont les personnes qui vous entourent qui vous permettent d'avancer vers la ligne d'arrivée avec votre santé mentale intacte et une tasse de café frais dans les mains. Permettez-moi donc de vous présenter ces personnes.

La principale gardienne de ma santé mentale a toujours été – et sera toujours – ma femme, Ranke de Vries. Non seulement c'est elle qui fait le café, mais elle donne son avis sur chaque version du livre que je lui confie. Et elle écoute mes monologues de fauteuil lorsque je travaille sur des idées. Cela doit être fastidieux, et pourtant elle le fait sans faillir et sans rouspéter. Je ne saurais être plus reconnaissant. Merci également à ma fille, Mila, qui, même si elle est beaucoup moins encline à écouter mes monologues, me fait rire tous les jours.

C'est grâce à mon agent, Lisa DiMona, que toute cette affaire de livre a vu le jour. Tout le monde a besoin d'une Lisa dans sa vie. Elle est mon avocate et ma caisse de résonance, et j'ai beaucoup de chance d'être dans son orbite. Aujourd'hui encore, chaque fois que je vois un courriel de Lisa arriver dans ma boîte de réception, je ressens un frémissement dans la poitrine. Et puis il y a Pronoy Sarkar. Si je pouvais mettre le nom de quelqu'un à côté du mien sur la couverture, ce serait celui de Pronoy. Il n'est pas seulement mon éditeur, mais aussi le co-parent de ce bébé livre. Il ne s'est pas contenté d'être le catalyseur de l'ensemble du projet, il a été un guide expert lorsqu'il s'est agi de structurer le livre et mes arguments. Quelle joie et quel privilège de savoir que Pronoy est à mes côtés !

Merci également à toute l'équipe de Little, Brown, notamment Fanta Diallo, Bruce Nichols, Linda Arends, Maria Espinosa, Stacy Schuck, Katherine Akey, Juliana Horbachevsky, Lucy Kim, Melissa Mathlin et mon correcteur, Scott Wilson. Merci aux nombreux premiers lecteurs et relecteurs (en particulier Jonathan Balcombe et Barbara J. King), qui n'ont pas seulement fait preuve de gentillesse, mais ont repéré quelques problèmes gênants que j'ai corrigés dans la version finale.

Merci aux nombreux experts que j'ai interviewés et avec lesquels j'ai discuté pour le livre, dont certains ne figurent pas dans la version finale, notamment Jody Green, Dan Ahern, Susana Monsó, Sergey Budaev, Mikael Haller, Mike McCaskill, Lauren Stanton et Evan Westra. Merci également à Marie-Luise Theuerkauf pour avoir vérifié la traduction des écrits de Nietzsche et à Marianna Di Paolo pour la traduction du shoshone.

Plusieurs de mes amis apparaissent dans le livre, et je dois les remercier de m'avoir permis de les mettre en scène, notamment Andrea Boyd (et ses chiens Lucy et Clover), Monica Schuegraf, Michael Cardinal-Aucoin et Brendan Ahern. Merci également à mes amis universitaires qui ont accepté de discuter avec moi de mes idées pour le livre, notamment Russell Wyeth, Clare Fawcett, Christie Lomore et Doug Al-Maini. Je remercie tout particulièrement les membres de mon groupe d'écriture qui m'ont tant soutenu dans mes premières idées de livre, notamment John Graham-Pole (et Dorothy Lander aussi !), Peter Smith et Anne Louise MacDonald. Angus MacCaull n'est pas seulement mon ami du groupe d'écriture, c'est aussi un supporter de ma carrière d'écrivain, et je lui suis reconnaissant pour les nombreuses années de conseils et de soutien qu'il m'a apportées.

Merci aux nombreux co-conspirateurs artistiques et amis de ma vie qui m'ont tant encouragé dans mes ambitions d'écriture ces deux dernières années, notamment Laura Teasdale (ma muse en improvisation et en musique), le clan Ritchie (Julia, Peter et Harriet), Dave Lawrence (ma muse en podcasting et l'une des premières personnes à avoir lu le livre dans son intégralité), Jenn Priddle (mon meilleur soutien et ma pom-pom girl), Erin Cole, Michael Linkletter, Steve Stamatopoulos, Ashley Shepphard, Natasha MacKinnon, Rob Hull, Allan Briggs, Ayami Uemura, Brendan Lucey, James Brinck, Jenn MacDonald, et Ô mon Dieu, je viens de réaliser que j'ai trop de gens à remercier, alors un grand *merci* à tous ceux que je connais et que j'aime !

Merci à tous mes amis de D & D pour les centaines (milliers ?) d'heures de plaisanteries qui ont apporté tant de joie, de rires et de distractions à mes problèmes de lecture, notamment Jake Hanlon, Paul Tynan, Wojtek Tokarz, Jon Langdon, Sarah O'Toole, Donovan Purcell, Robin MacDougall, Ben Lane-Smith, et Grace Lane-Smith. Merci à mes copains du groupe de papas qui font également une apparition dans le livre : Julien Landry, Ryan Lukeman, Cory Bishop et Adrian Cameron. Merci à mon groupe de soutien Netflix : Donna Trembinski, Michael Spearin, Susan Hawkes et Cory Rushton. Merci également aux nombreux collègues et amis de StFX, et un remerciement tout particulier à mes amis et partenaires de longue date du Dolphin Communication Project : Kathleen Dudzinski, Kelly Melillo-Sweeting et John Anderson ; vous avez été des collègues extraordinaires au fil des ans, et je dois une grande partie de mon succès à notre collaboration.

Un grand merci à Mijke et Marcel van den Berg ainsi qu'à Thijmen, Pepijn et Madelief pour nous avoir rejoints dans cette aventure canadienne ! Et à ma famille en Nouvelle-Angleterre et aux Pays-Bas, ainsi qu'aux nombreuses personnes et amis du monde entier avec qui j'ai partagé des rires au fil des ans.

Et un remerciement tout particulier à tous les animaux de ma vie. Sans les liens que j'ai entretenus avec les nombreux animaux que j'ai connus, qu'ils soient sauvages ou domestiques, ce livre n'aurait jamais existé. Des corbeaux qui m'accueillent chaque matin sur ma terrasse à Oscar (qui fait également une apparition dans ce livre), en passant par les poules qui nous apportent tant de joie (Echo, Dr Becky, Ghost, Specter, Topaz, Shadow, Mist, Coffee, Brownie, Muffin, Mocha, Song et Dragon). Et bien sûr, je remercie le grand ami animal de ma vie, Tigger.

Table des matières

Édition originale
If Nietzsche were a Narwhal,
What Animal Intelligence Reveals About Human Stupidity

Little, Brown and Company, Hachette Book Group

Édition française

ISBN : 978-2-603-03090-5

Couverture : Léa Larrieu
Direction éditoriale : Michel Larrieu
Édition : Bleuenn Becaert
Préparation : Sabine Kuentz
Correction : Bruno Vandenbroucque
Fabrication : Bénédicte Gerber

Réalisation : Nord Compo à Villeneuve-d'Ascq
Achevé d'imprimer en avril 2024
sur les presses de Normandie Roto Impression S.A.S. à Lonrai
Dépôt légal : avril 2024. N° 154297 (2401562)
Imprimé en France